感悟廿四

【每天都是好时光】

刘 希 作品

U0350908

中华工商联合出版社

图书在版编目(CIP)数据

感悟廿四 / 刘希著. -- 北京：中华工商联合出版

社，2017.8

ISBN 978-7-5158-2061-3

Ⅰ.①感… Ⅱ.①刘… Ⅲ.①二十四节气－基本知识

Ⅳ.①P462

中国版本图书馆CIP数据核字 (2017) 第 179710 号

感悟廿四

作　　者：刘　希

策划编辑：胡小英

责任编辑：李　健　邵桃炜

封面设计：周　源

责任审读：李　征

责任印制：迈致红

出版发行：中华工商联合出版社有限责任公司

印　　刷：唐山富达印务有限公司

版　　次：2017年9月第1版

印　　次：2022年2月第2次印刷

开　　本：710mm×1020mm　1/16

字　　数：200千字

印　　张：12.75

书　　号：ISBN 978-7-5158-2061-3

定　　价：48.00元

服务热线：010-58301130

销售热线：010-58302813

地址邮编：北京市西城区西环广场A座

　　　　　19-20层，100044

http://www.chgslcbs.cn

E-mail: cicap1202@sina.com(营销中心)

E-mail: gslzbs@sina.com(总编室)

》前言
PREFACE

　　"立春过后，大地渐渐地从沉睡中苏醒过来。冰雪融化，草木萌发，各种花次第开放。再过两个月，燕子翩然归来。不久，布谷鸟也来了。于是转入炎热的夏季，这是植物孕育果实的时期。到了秋天，果实成熟，植物的叶子渐渐变黄，在秋风中簌簌地落下来。北雁南飞，活跃在田间草际的昆虫也都销声匿迹。到处呈现一片衰草连天的景象，准备迎接风雪载途的寒冬。在地球上温带和亚热带区域里，年年如是，周而复始。"

　　这是《大自然的语言》一文中的节选内容，很生动地描述了动物、植物与自然气候的密切关系。

　　每到芒种，我也会自然而然地想起布袋和尚"手把青秧插满田，低头便见水中天。心地清净方为道，退步原来是向前"这首著名的禅诗。

　　实际上，早在两千多年以前，中国古代人民就把一年四季寒暑的变换分为所谓二十四节气，并根据二十四节气的更替安排农事。那时候，黄河流域的农民，耕田、播种、收获庄稼以及养蚕、放牧、植树等农事活动，都遵循节气变化的规律。

"春有百花秋有月，夏有凉风冬有雪，若无闲事挂心头，便是人间好时节"也在告诉我们这样一个道理：饥来食，困则眠，热取凉，寒向火。平常心即是自自然然、毫无造作。没有什么是非取舍，只管行住坐卧，应机接物。

实际上，这样的人与天地自然万物的自然和谐之道，就是最早的中国传统哲学思想所倡导的道法自然。

而我之所以这样看重人与自然的关系，恰是因为我也与很多被城市化的步伐追赶得气喘吁吁的朋友们一样，格外向往万物共生、自然和谐的自然生态之美。

我相信，很多朋友和我一样，希望能够寻到一个自然环境生机勃勃的"十里桃花"之所，安坐树下，呼吸花香，细细聆听来自心灵深处的声音，找到久违的自己。

这就是本书的立意之本，我努力以虚拟的寺院师徒几人的生活为载体，以二十四节气为主线，描述二十四节气的季节变化特征、节气变化，力求依靠故事中的主人公对世间万事的反思，来辅助自己完成自我寻找之旅，逐步引领读者朋友反思自己在现实中的诸多烦扰，从而客观看待自身所需解决的人生问题。

当然，二十四节气不仅仅是一种简单的时间体系，在千百年来的传承过程中，它已经发展成了一种民族的文化时间，它是人们把握作物生长时间、观测动物活动规律、认识人的生命节律的一种文化技术。

我不能通过本书将二十四节气的智慧全貌全部诠释给大家，但是我在努力以较为风趣、生动的笔调来呈现出它所具有的提示生活节奏、调节生活方式的指导意义。

我们大多数人都有自己的思维定式、习惯，也就难免出现短板、死角和偏颇，长此以往，除了不假思索地自以为是，还会造成类似审美疲劳的麻木冷淡、毫无新鲜感。而大千世界，生活从来都是五花八门、丰富多彩的。

这本书，除了解读二十四节气，还想在我们以往熟悉习惯的老套生活里注入一股新鲜的气息，力求让人从沉闷、呆板无聊的生活中解脱出来。

唐代诗人李涉有诗曰："终日错错碎梦间，忽闻春尽强登山。因过竹院逢僧话，偷得浮生半日闲。"

最后一句最值得长久玩味！所谓浮生，我们完全可以把它理解为平常百姓的日常生活。幽雅脱俗的半日之闲，居然是诗人"偷"来的，是在竹院中听到僧人话语后的顿悟所得。

那么，也真心希望你我的这次遇见，在我的故事中，你也能"偷得"那惊喜可贵的半日之闲。如同夏日傍晚，悠闲的竹椅上，微眯双眼，在一盏清茶的氤氲中细品人生各种况味，进而自觉地尊重自然和生命节律，让自己从机械的钟表时间中解放出来，尽情享受色彩斑斓的生活，享受生命时光的分分秒秒。

目录 · · · · ·

目录 ····

春

立春一日

立春季节，天地万物，自然欢喜……我不是迎春，而是知春、感春、迎春，与自然融为一体。我让春从眼入，便赏月；春从鼻入，便嗅花；春从体入，便泡脚；春从口入，便食各种应季野蔬；春从耳入，便听冰雪消融；春从心入，便在呼吸之间皆是自然。

释然突然发现师父今夜晚睡，已是午夜时分，师父房间却明窗半掩。

师父作息规律，今夜为何还不入睡？释然好奇，偷偷趴在师父窗前，见师父独坐窗边，凝神看着窗外梅花。

"难道是师父有什么心事？"释然疑惑，"师父这样的高人，应该很通透淡泊，不知有何事困扰？"

早课后，师父吩咐释恩："今日立春，东风解冻，你带着释行且下山，我开了个药单按上面各项悉数买来，晚上大家烧水用药泡脚。你们且去，早些回来。之后我带着大家行礼祈福，执行迎春仪式。"

说到下山采购，释恩师兄不乐意了："众师弟们一年穿不破一双鞋，我每天操持寺院一切日常事务，穿烂那么多鞋子，我该为大家省些鞋子。"

戒缘师叔知道释恩在抱怨活干多了，说道："释恩，你不是一直想做一个名僧？"

释恩："我们都想做一代名僧。可不想每天采购，干体力活。"

戒缘一笑："你看冰雪还没消融，是不是还留有你昨天走过的脚印？"

释行："师叔，脚印和当名僧有什么关系？"

释然："我懂了，我懂了，师叔，一个公案说，泥泞的道路才能留下脚印。而释恩师兄劳苦更多，才能在冰雪地上留下脚印。释行，我们要好好跟师兄学习学习。"

戒缘："释然悟了。释恩，你们快去快回。"

等释恩从山下买回一应物件，已是午后，师父命令众僧挂好春幡，便带领众僧到北山松林采松菇、挖荠菜、挑马兰头。初春河滩，遍生蒌蒿，绿草茵茵，释然和师弟玩得好生快活。

晚饭时，餐桌上摆上各种当季食材，林林总总，烹制方式自然，各种新鲜野蔬口感清爽，师父进食很有节制，并礼让大家："好好品味，过了这个季节就没有这个菜。"师父说。

今日菜饭甚好，众僧吃得也很舒畅，释行、释然年纪太小，怎么也抢不过师兄们。一桌好菜瞬间就被吃光。释行、释然端着空碗想添第二碗，饭桶里面早就空了。

释果拍拍释行的肩膀："不是我吹牛，我吃大锅饭可从来没有吃亏，吃大锅饭也有战略的。"

释然知道师兄又要卖弄了："师兄吹牛，吃大锅饭还有什么战略？"

释果悄悄对释然、释行说："舀饭是个技术活，第一碗不要太满，第二碗大半碗，第三碗时要够快，那时候想舀多少饭就舀多少饭，慢慢吃，没人和你抢。"

释然想，师兄的禅意应该是任何事情开始时都不要做得太快，月盈则亏，大概就是这个意思。

到了晚上，师父将一应中药倒入木桶，坐在窗前泡脚，仰头看天。"东风送暖，水面碎冰消融，万物更新，一年之计在于春。"师父手指星空，"释然，你看北斗七星斗柄正指艮方向。"

此刻庭院响起小虫鸣叫，空气清幽，梅花枝丫美妙，暗香弥漫。

释然终于忍不住了："师父，你昨夜晚睡，凝神看着窗外，有什么心事？"

师父淡然一笑："疏枝瘦梅传春讯，一花谢后百花发。昨夜我是看梅迎春。"

释然又问："为什么今晚要看天空？"

师父："今天立春日，古书上说，'闲伴儿童看立春'。"

释然："师父，我们出家人也要迎春？"

师父哈哈一笑，手抚释然头："立春季节，天地万物，自然欢喜，无远弗届……我不是迎春，而是知春、感春、迎春，与自然融为一体。我让春从眼入，便赏月；春从鼻入，便嗅花；春从体入，便泡脚；春从口入，便食各种应季野蔬；春从耳入，便听冰雪消融；春从心入，便在呼吸之间皆是自然。"

释然仍然纠结："可是出家人也要随俗？"

"释然，你看这月也是'寻常一样窗前月'。为师不过是饥来要吃饭，寒到即添衣，困时伸脚睡，热处爱风吹罢了。"夜色中，梅花艳丽，微云淡月，风递万里，暗香浮动。师父不再说话，仍然淡淡看天泡脚。

释然："师父，立春看月看梅就是你悟道修行的秘诀？"

"天地为万物提供丰富物质，顺应自然才能获得平衡。人要与二十四节气适应，随着节气变化而变化，以主动融入的姿态适应大自然的变化。"

释然："那今晚之赏月看花与往日有什么区别，可有什么特别之处？"

师父："古人有云探头望春，立春时节嗅梅迎芳望月。生命也当如此，随自然而自然，顺应自然季节变化。"

释然："这自然季节变化是二十四节气？"

师父："二十四节气反映气候变化、雨水多寡、霜期长短。二十四节气是古人对天文、气象、物候观察探索的结果，古人顺应自然生活，用二十四节气指导休养生息，朴实端庄。我们也应保持自然，在本性里盛开，做一个自然的人，遵从自然和时节，过清静自然的生活，修身养性，实现泰然处世。呼吸之间，便行到无人处，岁月也就落地成花。"

"古人人生观很朴素，非常实际。与自然，息息相关，共为一体，从不曾分离。我们经常看到山下的人，为了名利钱财而来烧香拜佛，却忘记改变一个视角，生活就跟着改变了。像古人顺应季节，融入自然，不刻意追求美和幸福，反而有了身心皆透彻，寂然无波，干净、透明、光洁、温暖、清爽、韵味悠长。今日我们吃应季饭食、赏花、看月、清谈，只是看着、听着、感受着，这便是最好的生活。"

师父不再说话，夜影中，释然与师父静坐窗前，明月相照。岁月与性情，皆寂然无波，清凉喜悦。

释然突然明白了师父的意思，一些前来烧香拜佛的人，追求太多，很难再有体悟自然的情致，也不知道让浮躁的东西简化。春来夏走，阳光雨露，日月星辰，皆是自然。生命里的幸福是云水随缘，行住皆安，忘却来时路，无喜亦无忧，就能走到没有闲事挂心头的人生好时节。

一片暗云遮月，"你且去睡。"师父进入禅房，闭灯。

释然在夜色中看月影下疏影横枝，然后回返。

无尽香

梅花自有清气，才能熬过岁寒风欺雪压迎春，用梅做香，无尽中便也暗香萦然。世间任何好事不外乎精而恒，一如梅花香自苦寒来，才有这清雅俊逸、穿云渡月之香气。

师父到园里修剪梅花，释然偷摸着到师父禅房取经书，竟然在师父的床脚处看到一瓶香水，瓶身上用毛笔写有"无尽之香"，师父一定不用香水，该不是近日寺内来修行的女施主掉的？释然偷摸着把香水给带了出去。

释然刚出门，就被释行逮了个正着："好啊，释然，在师父房间偷偷摸摸地干什么？"释然不想和小师弟纠缠："去去去，我给师父放经书呢！"

释行眼尖："释然，你手上拿的是什么？"

释然知道释行的脾性，一问起问题就刨根问底，就摆出师兄的架子："释行，你今日的早课读没有，见到师兄还敢直呼法名，快去读早课，滴水可以穿石，修行贵在坚持，要好好修行……"

释行可受不了每个人都来教育他一顿："知道了，知道了。"撒开腿就往回跑。

太好了，释行走了，这下自己可以研究一下这瓶香水了。

释然走到释果师兄处："师兄，把你的iPad借给我用用行不？"

释果正在看经："不借，你是不是想偷着打游戏？"

释然："师兄，就借我一用好吗？"

释果："鬼鬼祟祟的，你要干什么，给我坦白交代。"

释然左看右看，拿出手中的香水："师兄你看，无尽之香，我想查查这个香水。"释果也被吸引："常听人说，无尽是束缚堕落的意思，无尽中还带香，这简直太奢侈了。"两人说着，这下偷看的释行也忍不住了："香水就是香水，管他什么名字，也只是香水。"

几个人正在热烈讨论的时候，师父从后面来了："释然，是不是你拿了我的香水？"释然明白师父知道了，不过师父一个出家人拿香水做什么呢？

师父知道几个弟子有很多疑问，把修剪的梅枝放在一边："这是一位女居士请我做的，立春时节，梅花暗香浮动，女居士想以梅花做一瓶香水送给故人，梅花凌寒独放，开到立春，不正是一种骨气开过季节轮回。所以为师用今年立春的寒梅淬炼了这瓶香水，取名'无尽之香'，等女居士前来取走。"

释然好奇："师父，我们可以一嗅么？"

师父点头默许，弟子们小心地打开，一股清冽之气扑鼻而来。师父道："梅花自有清气，才能熬过岁寒风欺雪压迎春，用梅做香，无尽中便也暗香萦然。"

释然："师父做这一瓶香水用了多长时间？"

师父："从前年收集梅花上的雪水一瓮，伴以梅花，埋在地下，到今年立春才开瓮，经过制炼只得这小小一瓶。"

"师父为什么要做这么长的时间，大可以今春采了梅花就做。"释行好奇。

"做事哪能那么轻浮？古时候女子制造香水胭脂，要先砍桃枝煮水，洒遍室内，然后砍寸许的桃枝数千条围插在墙脚四周，并且禁止鸡鸣狗叫，供一个紫色琉璃杯在'胭脂之神'前，自穿紫衣、紫裙、紫带、紫冠簪、紫帽子，虔诚地礼拜。最后，用桃叶刮唇，一直刮到出血，再把血与紫色花朵放在装着汾河水的鼎里煮沸，女人长跪闭目等待，不久就化为香水胭脂了。为师小时候见过制造香水，在偌大的锅里搅动香料，那种香气虚矫夸饰，有一种言之不尽的龌龊之感，使人格外怀念乡间小路的野草清气。世间任何好事不外乎精而恒，一如梅花香自苦寒来，才有这清雅俊逸，穿云渡月之香气，追求尽善尽美之和谐，小小一滴香味境界自然不一样。"

释果才知道，做一瓶小小的香水，也有这么多的学问。

掌声雨

> 任何事物都有一个界线，山再高也有一个顶点，海再低也有一个底，河再长也有一个起点，人再博学也有一个开始，雨也是这样，自有它的界线……

释然、释行跟着师父给小麦追肥料，师父最近经常说："东风既解冻，散而为雨矣。"还告诉释然和释行，说："《逸周书》中记载雨水节后'鸿雁来'、'草木萌动'，并且说这个季节的小麦最需要肥料，最怕水，要施肥、清沟排水。"释然、释行其实根本不在乎是否是雨水期间，他们只觉得跟着师父在园子里劳作比听经讲学好玩多了。

释然、释行正学着师父的样子施肥的时候，突然远方的山上响起一声惊雷，惊雷滚滚处天上的乌云仿佛是听到了号令，全都密密麻麻地翻滚而来。很快，一场大雨就从天边翻卷而来。

释然、释行被这一声惊雷和大雨惊呆了，雨那样大，很快就把师徒三人的衣衫打湿，雨继续下着，师父好像一点也没有要躲雨的意思，他继续在园子里劳作着，释然终于忍不住了："师父，雨这么大，赶紧躲一下？"

"不要紧，抓紧雨水时节做好田间管理，这雨下不久，是不是打在头上有点痛？"师父去拿了草帽让释行戴上，师徒继续对话着，就像讲经修道一般的平常，几乎都忘记了师徒三人是处在硕大的雨幕中。师父的工作很快就做好了，释然、释行跟着师父沿着小路走回寺庙，小路边的水沟里面雨水一直在哗哗地流着，太阳很快又出来了，好像刚才根本没有下一场瓢泼大雨，土地上开始蒸发出一种独特的气息。

释然、释行和师父走回了寺庙，释果师兄已经在等着他们了："好大的一场雨，释行一定被雷给吓坏了？"释行使劲摇头："我才没有被吓坏，师父已经说过，我是金刚头，不怕风，不怕雨，不怕日头。"释然也开始对释行教导起来："好大一场雨，记得小时候，释恩师兄说过，雨水是降雨开始，雨量渐增，气温升高。这个时候春回大地、春满人间、春暖花开……"

释行一看释然又要掉书袋子了，赶紧捂上耳朵："行了，行了，知道师兄学问高！"

师父重新换好百衲衣，大家围坐在一起准备凝听师父教诲。师父盘腿而坐："释然，你说今日的雨是什么？"

释然被师父问得丈二和尚摸不着头脑，雨是什么？雨就是雨，何来什么之说？释行也是一脸茫然地看着师父。

释果自持聪明，便说："师父，我看今日的雨，是命中注定，是必然要经历这么一场雨。雨水时节，虽然不像寒冬腊月那样冷冽，但是仍有风寒侵袭，人容易因为感邪而致病，所以要注意古人常说之'春捂'，还要积极调整精神，保持情绪稳定，才有助于健身保健……"

释果还在长篇大论地说着，释然、释行终于忍不住一起捂住了耳朵。

师父淡然一笑："我看今日之雨是给我们的掌声。"

"掌声？"大家都睁大了眼睛看着师父，特别是释果，刚才一通卖弄，却和师父所要教导的相差十万八千里。

师父并不卖关子，继续说着："今日的雨如此狂烈，但是在雨中可感知自然博大，人的渺小。外界人欲横流，多是因为人不能见识自己之渺小，缺乏对天地、自然之敬畏。"

师父正在说着的时候，雨后的风一阵一阵地吹来，吹来草木的清香，释然深深吸一口气，想起小时候在寺庙被罚跪，看到窗外突然而至的一场急雨，想起雨后瞬间的阳光普照，又想起释恩师兄曾经说过，"到了一定的季节，就会一边下大雨，一边出太阳，那就是'三八雨'"……

释然又突然想到有一次和师兄释果、师弟释行一起在田里劳作，一起淋一场'三八雨'。释然想到这里，就看向了师兄释果，释果也看着他，两人心有灵犀地相视一笑。

师父停顿了一下，继续讲道："雨有'三八雨'，这正是告知我们，任何事物都有一个界线，山再高也有一个顶点，海再低也有一个底，河再长也有一个起点，人再博学也有一个开始，雨也是这样，自有它的界线……"释然体会着师父所说的对自然的敬畏，大家都被清新的风所包围，一时间都默然不语，在宏大的自然里面，人确实渺小一如蝼蚁。

师父的讲道并未结束："不过尽管自然宏大，世间事物变化万千，结局难以预测，我们会遭受雨打风吹，遭受雷鸣电闪，但是同时我们也接受着阳光普照、雨水润泽。苏东坡《水调歌头·黄州快哉亭赠张》曰：'一点浩然气，千里快哉风。'心中有浩然格局，千里风雨都为之飞舞鼓掌。所以我说今日之大风大雨是给我们的掌声。"

原来如此！听到师父一席话，释然像是被清风拂过，对师父更加敬佩起来……

雨水之夜有月

雨已经停了，月亮从乌云后露出来，光辉洒在树林中、山路上，山路上的花叶、石头乃至山路似乎都微微渗出光亮，又仿若万物本身自有光亮，光亮清凉透心。

师父带着众徒弟行脚归去，路经山上竹林，雨水节气，下着微微小雨，林边吹来阵阵凉风。

释然、释行已经感觉很累，师父却步履轻松，释然终于忍不住，请师父稍事休息。师父带着大家坐在竹林边石头上，风吹竹林，一眼看进去，竹林深不可测，释行向释恩师兄靠近了一点："看着竹林那么幽深，风一响，感觉瘆人。"一看释行这么胆小，释果大声笑起来："昨天还说自己以后是堂堂七尺男儿，今天就这么胆小。"

释行一看自己被师兄嘲笑，赶紧给自己辩解："以前听前来寺庙的居士说过，古人就有'逢竹林莫入'的道理，并且竹林密不透风，树林都可被阳光穿透，可竹林就不行。怕也是应该的。"

师兄弟两人正争论得热火朝天，师父安坐着却会心一笑，释然发现了师父在笑，问道："师父，你在笑什么？"

"你们仔细听听，是不是有笙箫声传来？"师父引导众徒弟侧耳倾听。

大家竖起了耳朵，果然在萧萧风声中传来若有似无的笙箫声，声音若隐若现，穿过了竹林也穿过了蒙蒙雨声，与自然交响，在天地间回荡，自有开阔想象。

"师父，是有人在竹林深处拉琴。"

师父兴致极好，站起来："走，我们向竹林里面走一遭。"

释行一听要去竹林深处，立刻反对："不要，这么晚的夜晚，月光都透不进竹林，我们还是赶快回寺庙。"

师父哈哈一笑："不怕，有音乐的地方，定是安全的。"

释然一听，师父果然有境界，认识自和大家不一样，率先站起来跟在师父后面，大家也就陆续跟着师父走向竹林深处。

一入竹林，天地间似乎响起震撼的音乐，风雨的声音在竹林中被扩大，风雨潇潇声威远大，竹林变成了演奏者，风雨中天地撼动，竹叶摩挲，发出许多细密的声音，变化无穷。这自然的演奏让那飘忽不定的笙箫声显得更加飘忽，再也找不到方向。

释然一行人跟着师父在竹林中穿梭，终于走到竹林尽头，山上寺庙灯火也隐隐可见。师父领着大家坐在石头上。释行小声嘀咕着："还说找音乐，结果就是在竹林里面绕了一段路，什么知音也没有找到。"

师父哈哈一笑："天地之间自有无数壮观音乐。我们深入竹林，听了天地之音，我们便是天地的知音。为师记得在花莲山中一日，听到满山秋虫唧唧，为师特意录下蝉鸣，有时候在禅房一放，仿若见到无数禅在对吟。"

少言的释恩听到师父这么一说也若有所思："我记得一日在山中听到溪水淙淙，突然山上响起一声鸟鸣长音，那声音似乎久久绕耳不灭，让人颤动不已。今日竹林的声音清脆、悠远、绵长，让人内心安静，果然'竹林禅音'此说大有来历。"

师父含笑点头："释恩懂了，释然、释行，你们可明白？"

释然摸摸脑袋，他对师父和大师兄的话若有体会，但是知道自己修行尚浅，故而不敢乱说，此刻雨已经停了，月亮从乌云后露出来，光辉洒在树林中、山路上，山路上的花叶、石头乃至山路似乎都微微渗出光亮，又仿若万物本身自有光亮，光亮清凉透心，连喊累的释行也安静下来，感受着这难得的机缘偶遇。

"今夜甚好！"师父发出了感叹，"今夜我们听到极好的自然之声，这是极大的福气，又见到如此好的月光，接下来的路程，月光将一路陪伴我们，一如提灯人一般为我们引路，在路上、在山顶上、在寺庙，都将有月光。"

师父提到月光，释然倒真有一个疑问："师父，今夜正好有月，可否替我解一下'千江有水千江月，万里无云万里天'之意？"

师父转头望着释恩："释恩，你跟随我修学多年，你来给师弟解答这个疑惑吧。"

释恩接过话头："有人将人心指为月，说人心都有月之光明，也就是把人心和天上的月对应包容，月只有一个，而每个人心中都有一个月，独一无二、光明湛然，江不分大小，众生不分高低，一如月照江水无所不映，条条江中都有明月，故而说'千江有水千江月，万里无云万里天'。"

师父对释恩的回答非常满意，不住点头。释恩还没有说完："王阳明的《蔽月山房》便有'千江有水千江月'的境界，也就是心中有月的境界，'山近月远觉月小，便道此山大于月。若有人眼大如天，当见山高月更阔。'我们把心眼开放得比天还大，月就在我们的心眼之中了。"

师父也说道："邵雍写过一首《清夜吟》：'月到天心处，风来水面时。一般清意味，料得少人知。'就是月在天空、风过水面，都有清凉意味，要有一颗明净微细的心才能体会到。正如今夜竹林乐音，天上明月，心中有此见地，那么便都不是短暂的偶遇。故而，我们要内心光明，便时时若明月照耀！"

此刻，月过树梢，明净无争，大家都抬头看月，师父站起来："该继续前进了。"

日日是好日

扫好地、除好草，让心安住到当下，既不回避该来的事，也不逃离正在做的事，以淡然自然的态度来迎接当下，便日日是好日。

惊蛰一到，寺庙里面开始忙碌起来，师父说春耕开始了，每日带着众师兄弟出坡劳作，做清沟沥水、给茶树修剪，追施"催芽肥"、给桃树梨树等施花前肥，还要清除园内枯枝、落叶、僵果、杂草，再集中烧毁，还要抓紧割草给院里的牛补料催膘，释然感觉每日都有做不完的劳作。这日又是早早起来做到日中，释然觉得太累了，索性扔了锄头坐在河岸边，河岸边的风一起，桃花就四处飞散，飘到河水中，水里有了一池萍碎。释然看着杨柳依依竟然打起盹来，便躺在石头上，渐渐入睡。

释然正在梦中与庄周畅游，突然闻到一股诱人的梨香，眼睛睁开，原来是释行拿着一个香梨放在自己鼻子边："师兄，师父说'惊蛰吃了梨，一年都精神'！快起来吃梨了。"

释然再看，释行脚边正有几个香梨，早上起来一直劳作，刚才与庄周缠绵好久，释然真的觉得饿了，便与释行一起狼吞虎咽起来。释然一边吃梨，一边向师父抱怨："师父，打进入惊蛰，您说春耕开始，每日劳作，真的辛苦，我一点也不喜欢惊蛰。"

听到释然抱怨，释果找到了卖弄自己学问的时候："我们古人可非常重视惊蛰节气，作为春耕开始的日子，《月令七十二候集解》有'二月节……万物出乎震，震为雷，故曰惊蛰，是蛰虫惊而出走矣，'在过去，惊蛰也叫启蛰，因为汉朝第六代皇帝汉景帝的讳为'启'，为了避讳而将启蛰改为意思相近的惊蛰，沿用至今。"

"我也不喜欢惊蛰，每天都那么多劳作，要是平日，只需要摘花、洒扫庭院、搬柴、摘菜，还有听书学习，现在惊蛰一到，日日不停劳作，这哪里是修行？"释行可不懂释果卖弄那些。

"'春雷惊百虫'，惊蛰一到，田间杂草相继萌发，所以要多多除草，古人就说过，'到了惊蛰节，锄头不停歇'，季节是不等人的……"释果还要卖弄。

"行了，行了，师兄，我们都听不懂。"释然、释行异口同声叫停释果，大家争论得正欢，师父却在旁边打坐念经。

释然也好奇："师父，你不累吗？在劳作中途还要打坐念经？"

"记得广钦老和尚常教人'老实念佛'，能在劳作中念佛，真是一件最幸福的事了。"

"师父，劳作这么累，还幸福吗？"释行也不明白师父的禅机。

"释果太执着于表相了！"师父听了大家的争论，"惊蛰一到，每日劳作，即便是除草去虫，也可以化为一片菩提自在心田，扫地亦是修行，除草亦是修行。"

"扫地是修行，除草也是修行，割草喂牛都是修行了？"释行听得目瞪口呆。

"当然，'活在当下'，人就是应该放下过去的烦恼以及对未来的忧思，将全幅精力用在我们眼前这一刻上，没有这一刻便没有下一刻，这便是'刹那即是永恒'之意。"师父喝一口水，稍事停顿，继续说："扫好地、除好草，让心安住到当下，既不回避该来的事，也不逃离正在做的事，以淡然自然的态度来迎接当下，便日日是好日。"

释然听了可不以为然："师父，我可不觉得这惊蛰季节日日劳作是好日。"

"我们侍弄庄稼，这些一树一叶都在传递着一种微妙的情感，你看，通过我们的劳作，庄稼能够在阳光下随性舒展开，我们能感觉到庄稼在呼吸，感觉到一叶里面的精神。我们出坡劳作，也应该作如是观：有情人劳作会想到庄稼生长、万物萧萧，可见到边马也有归心，见到鸟鸣山更幽，见到感时花溅泪，见到恨别鸟惊心，无情人只见劳作累乏。"

释然和释行听了师父一席话，对望看看，异口同声地说："原来，是我们的境界太低了！"

释果也认真听着师父的话，陷入思索："师父一席教导，让我知道，平时我们一般人只看到星星，很少注意月亮，也就是我们只关注小小的身体和自我，却忘了自己身在周边的无边无际的万物生灵，那么劳作辛苦也便是转瞬即逝的阴雨黄昏而已，时时想到日日是好日，处处是福地，夜夜是清宵，我们也便得了自在无碍明朗光照的人生。"

师父好好一笑："释果开悟了！"

惊蛰听钟鼓

惊蛰节气带有推进的本质，雷声过来，人群、草木、大地被恶数惊醒，万千动物从被动、消极、等待中被初雷唤醒，硬土中开始冒出新绿，盘桓的冰雪开始逐渐消融，南风渐次展开宽容的胸怀……

晨曦初露，释然、释行就被释恩师兄叫醒了："醒醒，起床了。"

释然揉着困乏的眼睛，非常不满意："师兄，往日都是早觉板响后才起床，今日为何不等早觉板响就把我们叫醒？"

释恩师兄一贯沉稳，他略一思索，说道："是师父让我把诸师兄弟叫醒，师父说每到惊蛰时分，就有春雷萌动，你可以遐想远方一声初始雷鸣，泥土里面万千沉睡的幽暗精灵被雷震苏醒，睁开惺忪睡眼，向着太阳敞开门户出来活动。"

"师兄，万千动物被惊醒活动和我们早起有什么关系？师父这是什么意思？"虽然师父德高望重，但是早早被叫醒，释然忍不住要抱怨师父。

释恩想想："师弟，惊蛰节气是否带有推进的本质，雷声过来，像不像一声堂木打响，'啪'！人群、草木、大地被悉数惊醒，万千动物从被动、消极、等待中被初雷唤醒，硬土中开始冒出新绿，盘桓的冰雪开始逐渐消融，南风渐次展开宽容的胸怀……谁也摆不下这么大的排场，而且，万千好戏还在后面。"

释行尚在懵懂之间，倦意还未消退，他揉揉眼睛："师兄，就'惊蛰'两个字，你还能想到这么多故事和画面。"

释恩一笑："这都是师父以前说的，我只是记了下来。"

释然还是不以为然："师兄，不管自然排场如何惊人，也不能让人不睡觉。"

释行正想跟着释然抱怨一番，一阵爽朗的笑声至门外传来："汝等均年少，需多向师兄释恩学习。"

门推开，师父随清风一起进来："我叫释恩早早叫醒你们，是叫你们今日用心听钟。"

释然知道师父自有道理，不过心里也在嘀咕，日日都听晨钟敲响，有什么好听的。虽然不情愿，众师兄弟仍然跟着师父走到屋外。

清晨四点，月仍在中天游梭，虫声唧唧中偶有几声低哑的鸟鸣，"师父，你看，鸟都还没醒来呢！"释然嘀咕。

"没听见刚才的鸟叫啊？"释恩说。

释行也跟着释然起哄："方才那几声鸟鸣，应该就是鸟夜眠有梦，为我们所惊，翻身再睡，所以又沉寂了。"

众人走在寺庙庭院里，正值三月，桃花开放美到了极致，一簇一簇在枝头，柔美而娇羞，晨风一过，花瓣如蝴蝶在空中翻飞，地上铺了一层桃花瓣。在晨风的寂静里，纷飞的桃花增添了动的妩媚。而旁边的菩提树沉稳而安静，叶尖上还有清晨的露水，新生的枝叶开始长出来，翠绿通透。

一路行走的释行在哼哼唧唧地抱怨，寺庙的早觉板开始打响，传来一阵庄严的声音："师兄，你听，现在才响早觉板。马上就得斋食、开浴、普请、上堂……忙碌的一天又开始了……都不能让我们好好睡一会儿。"

"释行，"师父叫了释行的名字，"你可知道为什么早觉板声音极轻，还是能够叫醒咱们出家人？"

释果被晨风一吹，已经清醒："我知道，我知道，师父，因为我们生物钟习惯了这个时辰醒来，和早觉板无关。"释果摇头晃脑，正为自己的聪明自豪，想着师父一定会好好表扬自己。

师父却轻轻摇头。释恩沉思片刻："师父，想来是出家人身心清净，就是一张纸落地也可感知。"

"释恩得我真传。"师父一笑。

随着早觉板叩响，天空颜色逐渐清明，鸟鸣开始增加。"师父，你看这鸟也要跟着我们一起做早课。"释果摸摸头，为自己开解。

师父带一行人坐进讲堂，寺庙的晨钟敲响了。

因师父今日嘱咐要用心听钟，释然、释行等皆竖起耳朵用心倾听。

钟声绵长不觉，自有一种觉醒之力，接下来的钟声咚咚不绝，耳畔终有余韵袅绕，待108下钟声过后，众僧都沉浸进去，仿若被遍洒甘露。

钟声尚未完全散去，鼓声就响起来了，遥遥看到山上鼓楼的比丘尼紧握鼓槌，鼓声密雨般传来，一如波涛不绝，又似海啸不停，仔细一听，更似微风拂面轻柔不急，又若自在飞云在天优雅不定。或来自天上，或来自人间，或来自内心。

众人听来一如惊蛰初雷贯耳，皆有一种惊醒的知觉。

这时候戒严师叔大笑三声走进大殿，"戒尘师兄这一惊蛰听钟鼓，有如响雷，惊醒众生。好！"

师父只是相视一笑，"今日早课开始了。"

众生坐下开始用功，外面鸟声也开始传来……

春分煮花

人大多感知实体事物，然实体事物能转眼化为乌有，抽象事物也能感知，譬如岁月，今日活着我们皆能感知存在。我们于春分温煮桂花以祭日，日后闻到桂花香便可以浮现今日春分，想来，我们也留住了日头。

师兄释果平时少言寡语，最近几天怪怪的，老是念叨着："春分者，阴阳相半也，故昼夜均而寒暑平。"

释然、释行跟着释果，听得都烦了，不过师兄说到春分，他们确实感觉春意更浓，最近山上杨柳青青、莺飞草长，"二月惊蛰又春分，种树施肥耕地深。"师父说春分是植树造林的极好时机，师兄们都忙着在园子里面劳作，释然因为感冒"躲过一劫"，他约了释行准备到山上去放风筝。

山上总有不尽的乐趣，释然、释行一玩就到了晚上，等回到寺庙已经是掌灯时分，却看到戒严师叔正带领着释果等师兄坐在刻有"菩提无树"的大石头下煮酒听琴。

"好啊，师叔，你带着师兄们喝酒了。出家人不能喝酒，我要告诉师父。"释然想到自己出去玩了一天，师叔又不守规矩，不如自己来个先发制人，转移斗争方向，让众人把注意力转移到师叔身上。

释行年小，还不懂释然葫芦里卖的什么药，他拉拉释然的衣袖："师兄，这样可不好。"

释然哪有时间与释行解释，他眼珠一转，又扮起好人："师叔，出家人皆不饮酒，今日幸好是我见了，你可当心别被师父发现了。"

戒严师叔只斜乜释然一眼，并不理睬释然，释果等人也低头轻笑。

释然一看氛围不对，使劲一闻，空气中并无酒味，上前打开酒壶，却是扑鼻的花香。

众师兄再也忍不住哈哈大笑起来，戒严师叔也开怀大笑。"师叔，你们到底在干啥？"

释果最喜显摆自己的学问："你年幼，这就不懂了吧。去年中秋，师父和师叔讨论着煮雪之事，当时师父说'煮雪可以，那么别的东西也能留下'，正好中秋桂花开了，就用酒壶装了桂花，今天春分，师叔与我们聊起这事，便拿出酒壶打开让我们品尝桂花香。"

释恩也接过话题："以前有装一壶月光在酒壶温煮，今日我们春分温煮桂花以祭祀。真是神仙一样的生活。"

"祭祀？祭祀谁？"释然听得丈二和尚摸不着头脑。

"今日是二十四节气的春分，昼夜长短平均，春分祭祀历来是重要活动，《礼记》曰'祭日于坛'，《帝京岁时纪胜》曰'春分祭日，秋分祭月'，故而我们在此祭日。"戒缘师叔向释然解释道。

"就一个春分，不仅农活多，还有这么多讲究？"释然仍不明白。

"人大多感知实体事物，然实体事物能转眼化为乌有，抽象事物也能感知，譬如岁月，今日活着我们皆能感知存在。我们于春分温煮桂花以祭日，日后闻到桂花香便可以浮现今日春分，想来，我们也留住了日头。"释恩最善解读师叔心意，一席话让在座的二位师叔都不住点头。

清谈正欢，却见戒严师叔从身后拿出一个酒壶，嘿嘿一笑："不过今日不仅清谈，且让老僧喝上一口。"

"师叔，你真要喝酒？"众僧异口同声地说。

戒严师叔再嘿嘿一笑："出家人哪有规矩？"说着就抿了一口酒，"你们尽情祭日，可别误了今夜良月。"众人也知道戒严师叔的脾气，有时候就是师父也奈何他不得，也只得随他去。

却没想到戒缘师叔也拿过酒壶抿上一口："下等喝法是伴有诸多下酒菜，喝得杯盘狼藉。中等喝法是三五人天南海北尽兴而聊。上等喝法是举杯邀明月，今晚春分月亮甚好，我也对影成七人，面对桃李狂花，喝上一口。"

"知音，知音！"戒严师叔大力一拍戒缘师叔的肩膀。

"戒严师叔似乎喝一口酒就有了醉意。"释行小声嘀咕着。

"哈哈，我这是人与月俱醉。释恩，你再背一阙诗词下酒。你也来饮一口。"戒严师叔吩咐着。

释恩略想："雪入春分省见稀，半开桃李不胜威。应惭落地梅花识，却作漫天柳絮飞。不分东君专节物，故将新巧发阴机。从今造物尤难料，更暖须留御腊衣。"

施恩没有接过师叔的酒壶，释然却悄悄接了过去，嘬一口，却发现哪里是酒，分明就是清水一壶。

而这边众人听罢，皆鼓掌赞叹。

"《历代诗余引吹剑录》讲东坡居士一次在玉堂日，有一幕士善歌，东坡因问曰：'我词何如柳七（即柳永）？'幕士对曰：'柳郎中词，只合十七八女郎，执红牙板，歌'杨柳岸，晓风残月'。学士词，须关西大汉、铜琵琶、铁棹板，唱'大江东去'。'东坡为之绝倒。"戒缘师叔想起什么，"今日，我们淡酒配节气，释恩的诗词非常应景，好。"

"不过此诗也非诗，此酒也非酒。"戒严师叔与戒缘师叔相视一笑，似乎心有灵犀。

"师叔，你们就别卖关子，快给我们讲解一二。"释果最不喜这般蒙在鼓里。

"《维摩经》里天女散花，正是菩萨为总经弟子讲经，天女散下鲜花，菩萨身上不染一叶，而众弟子身上便是鲜花，弟子们用尽神力也不能让花掉落。仙女说：'观诸菩萨花不着者，已断一切分别想故。譬如，人畏时，非人得其便。如是弟了畏生死故，色、声、香、味，触得其便也。已离畏者，一切五欲皆无能为也。结习未尽，花着身耳。结习尽者，花不着也。'菩萨已经四大皆空，所以酒也非酒，花也非花，词也非词。"戒缘师叔耐心对众弟子讲解，"所以，今日，我们也未饮酒，天色已晚，大家都可散了……"

不闭眼的木鱼

鱼永远不闭眼睛，昼夜长醒，我们敲击木鱼就是为了时刻提醒自己，修行的志向应昼夜长醒。浩瀚典籍、木鱼、晨钟、暮鼓，其实都是在让我们时刻磨洗心灵，如果心灵已完全清明，木鱼也可不要。

最近木棉花开了，像火一样艳红。从山脚沿着山路一直向上开放，直到山顶都是艳红非凡的木棉花。

今天做完早课，师父说："春分麦起身，一刻值千金。"说春分是最繁忙的季节，吩咐释恩带着师兄们到院子里面干活，释然带着释行和几个小师弟到山上捡木棉花，木棉花里面的棉絮、棉毛可做枕头、棉被。释然、释行心想捡木棉做枕头可不是什么大事，能够上山而没有师父、师叔、师兄监视着，就能好好地玩玩，于是一行人非常高兴地上山了。

　　释然带着释行几个小师弟一路上山,一路捡拾木棉花。木棉花似乎都掉落不久,姿形和色泽都很新鲜。一行人上山行进,沿途都有木棉花掉落下来,木棉花掉落的声音非常瓷实,噼啪作响。"师兄,为什么木棉花掉下来的声音这么大?"释行问释然。

　　"笨蛋,"师父、师兄不在,自己就是老大了,释然可以在释行面前显摆自己的知识了,"因为木棉花很大,分量又重,掉下来的声音当然听起来很震动。特别是咱们这山上很幽静,木棉花一落下来就显得声音很大了。"释然一席话让释行不住地点头,心中对释然师兄非常佩服。

　　释然见师弟对自己这么信服,忍不住还要继续卖弄:"特别是咱们山上的木棉花,落下来的声音更是比城里的大,惊蛰一过,春雷一响,木棉开花结籽,山上阳光大,一照射木棉果子就裂开了,然后木棉籽就飞起来了。"正说着,只听一声噼啪声,一朵木棉花的果子裂开了,木棉籽像一个小钢炮,夹带着白色棉花弹了出来,风一吹就跟随风一路前进。"看,师兄说得对吧,师兄再告诉你,这些木棉籽被风吹到哪里,就会在哪里落地生根。过些年,又长成一棵木棉树。"

　　"哇,那到时候咱们山上的木棉树就越来越多?咱们就可以捡更多的木棉回去做枕头、棉被?"释行已经对释然佩服得快要五体投地了。

　　"行了,咱们赶紧捡了木棉好好在山上玩玩。"释然吩咐着师弟们。

　　中午时分,释然和师弟们捡拾的木棉已经把袋子都装满了,释然带着师弟坐在山顶吃了随身带的馒头,饭饱以后都懒懒地躺在山顶晒着春分的太阳。

"嗯，这样不用到园子里劳作真好。"释然满足地摸摸肚子。

"师兄，师父吩咐了，说春分是农忙时候，让咱们赶紧捡了木棉回去园子里帮忙。"释行牢牢记着师父的话。

"不急，不急。"释然吃饱了躺着正感到万分惬意。

"可是师父交代……"

"别师父交代了，师父带着师兄们忙着园子的活，咱们在这山上，山高皇帝远，晚点就说咱们一直在捡拾木棉。"释行还想说下去，就被释然打断了。

等到释然带着师弟们回到寺庙已经是日暮钟响时分，师父正在大殿对众师兄布道。释然知道这次自己实在是太贪玩了，见师父专心布道，便想从侧面偷偷溜进去坐下。

"释然。"释然还未落座，师父的声音就如洪钟响起。

释行一听师父的声音，立时就被吓住了，马上做了"叛徒"："师父，我们是贪玩了一会儿，下次我们不敢了，完成任务后一定早早回来。"释行赶紧向师父解释着。

释然没想到释行这么快就"招供"了，也跟着给师父认错："师父，下次我一定不带着师弟们贪玩，我一定早点回来。"

"玩也是修行，"师父一笑，似乎并没有责怪释然的意思，"释然，我问你，今日玩乐，可有什么体悟心得？"

玩还有心得，玩还是修行，玩不就是玩吗？释然心中嘀咕着，低头不敢乱说，只得战战兢兢地请师父赐教。

"释然，你可知道我们为什么要敲木鱼？又知道木鱼为什么眼睛这么大？"师父转过话头问释然。

释然不语。

"鱼永远不闭眼睛，昼夜长醒，我们敲击木鱼就是为了时刻提醒自己，修行的志向应昼夜长醒。昼夜长醒就是行住坐卧都要记得修行，所以，你玩乐的时候是否也记着了修行？"

释然被师父的一席话说得非常惭愧，自己日日敲击木鱼，却不知木鱼的深意。

"木鱼永不闭眼，也是在告诉我们，修行无止境，心灵的磨洗也时刻不休。释然，现在你可记得了木鱼不闭眼，记得了吃饭、睡觉、玩乐也要修行？"

释然惭愧极了："记得了，师父。"

不过师父话锋一转："浩瀚典籍、木鱼、晨钟、暮鼓，其实都是在让我们时刻磨洗心灵，如果心灵已完全清明，木鱼也可不要。"师父继续谆谆教诲，"修行切记，万不可为形所役。"师父正说着，安板的声音已经打响，"是日将逝，命亦随减，如少水鱼，斯有何乐，当勤精进。今日时辰不早，你们且去休息。"

走在回禅房的路上，释然一边回味着师父的话，一边想着，修行之路漫漫，一布施，二持戒，三忍辱，四精进，五禅定，六智慧，如此多的内容，真要做起来，莫说昼夜长醒，可能五百世也是不够用的，自己日后万万要珍惜时间，好好修行。

有味是清欢

在清明节可以看行人上山踏青，眼有清欢；闻着山上清冽的空气，鼻有清欢；品尝寒食，舌也清欢。可见，真正的欢愉处处在身边。

清明节前一天，师父吩咐不生火做饭，只吃冷食。

清明节这天刚到，释然早早就起床到五观堂去寻馒头，看到师兄释果也在这里。"好啊，师兄，原来你也在这里。"释然正想着今天师兄释恩没叫自己起床。

释果正在往嘴里塞馒头，一边回答释然："可不是，昨天师父说清明节也是寒食节，吃了一天寒食粥、寒食浆，我这肚子都快受不了了。"

释果正好说到了释然的心坎里，释然也拿起一个馒头赶紧往嘴里塞："可不是，师父说寒食节祭祀介子推，可是一个死去那么久的人与我们有何相干。"

师兄弟二人正吃得尽兴，外面突然响起大师兄释恩的声音："无花无酒过清明，兴味萧然似野僧。昨日邻家乞新火，晓窗分与读书灯。"

糟了，师兄来了，释恩和释然吓得在五观堂团团乱转。

"早就听到你们声音了，还不快出来。"释恩放下砍下的柴火，"今天是新火做的馒头，给你们抢先尝了。"

"新火？新火是什么？"释然好奇地问。

"昨天清明禁火寒食，到今日清明节再起火，就叫'新火'。"

释然可不管什么新火旧火，有饭吃就足矣。

因为起得太早吃得太饱，早课时候，释然坐着一直犯困，不自觉还打出一个响嗝，周围几个师弟都跟着笑起来。

戒缘师叔正讲道："万物生长，此时皆清洁而明净，故谓之清明。出家人也要内心清明无争……"释然这边的动静让戒缘师叔睁开了眼睛，"释然，你是不是去五观堂偷嘴了？"

释然知道自己瞒不过师叔，也只得点头同意："嗯，说什么清明寒食，吃一天寒食粥实在不好吃，并且都说寒食冷餐最是伤身，何必做此等吃力不讨好之事。"

看释然这么诚实，戒缘也不忍心责怪："释然，你可知道寒食是祭祀谁？"

"听师父说，是春秋时期重耳落魄时受尽羞辱，大臣介子推忠心耿耿一路追随，有一次为了救重耳，介子推割肉给他吃。后来重耳做了春秋五霸的晋文公，无意中却逼死介子推，后为了纪念介子推，晋文公将介子推祭日定为寒食节，并且禁忌烟火，只吃寒食。"释然老实回答道。

"这一段，释然倒是记得很清楚。"戒缘师叔点头，"不过，释然，我且问你，昨日寒食一天，你就只感觉饥饿难耐，就没有欢喜？"

"师叔，寒食粥难以下咽，还到园子里劳作，哪里有欢喜成分。"释然也不由得要抱怨师叔还有心情开这种玩笑。

"你们谁还记得苏轼一阕词，'人间有味是清欢'？"戒缘师叔知道僧中有释然这种想法的不止一二，正好趁这个时机开导众僧。

"元丰七年十二月二十四日，苏轼和刘倩叔游南山，在山上喝了浮着雪花沫乳花的清茶配以新鲜的野菜，留下这句'人间有味是清欢'。试想苏轼能从吃野菜就享受清欢，自觉野菜清香胜过山珍海味，更胜过品一壶乌龙。何以你们不能从清明寒食中体味到清欢？"

戒缘师叔一席话说得众僧无以对答："汝等知道品茶是清欢，以为听琴论道是修行，以为观花听书是修道，却不知道处处是道，真正得道处，能从寒食体悟出人间有味是清欢。"

"原来是我们修行太浅。"释果悄悄对释然嘀咕着。

释然还是不解："处处是道，但是饭食难以下咽，这是本来存在的，让我如何从中欢喜得起来？"

"释然，你想，你身处山中，清明时节春回大地，白桐花开，细雨纷纷，呼吸之间还有清淡山味，这种只有这个节气才有的欢愉你却没有感知。在清明节可以看行人上山踏青，眼有清欢；闻着山上清洌的空气，鼻有清欢；品尝寒食，舌也清欢。可见，真正的欢愉处处在身边，只是释然你的心没有看到。"戒缘师叔这话既是说给释然听，更是说给大殿的众僧听。"我们日日在这山上净土，享受清净欢喜，却让自己的心承了尘埃，忘记了拂拭。想起东坡一阕：'梨花淡白柳深青，柳絮飞时花满城。惆怅东栏一株雪，人生看得几清明！'东坡凭栏看着满城飞絮，梨花遍地，青柳深处伸出一株梨花，何等清丽！而写出人生能有几回看着清明可喜的梨花的话，可见为人少一分机智，便多了一分欢喜。"

听到此处，释然已然知道自己平时自持聪明，但是和师叔之间的境界却是差了十万八千里远，释然悄悄对师兄释果说："戒缘师叔是一流的人物，能够在百般滋味中体味出清欢，我们相差太远。"

释果也悄声回应："所说正是！"

清明得欢喜

万事万物，欢喜心才是最重要的，生命当如清澈溪流，流过草木清华，流过落叶边陲，看过浮华万象，最终也不受约束和局限。

清明节到了，很多男女带着水果、纸钱来山上扫墓，给坟墓添新土，插松枝。沿着山路两旁的山花都开了，春风拂面。寺庙里面娑罗树皆开出白花，宛若无数座洁白小玉塔倒悬枝叶间，别有情致。寺庙里来了很多烧香的香客，有的对着紫藤寄松、雌雄银杏观看沉思。

这一天寺庙热闹非凡，释然、释行觉得非常高兴，释然正在东张西望时候，突然看到银杏树下一颗透亮发光的小小把件，释行也看到了，释行脚快，拾起一看，是一个白水晶雕刻的观世音菩萨，带着慈悲微笑，散放清明光芒。释行看得呆了，这个水晶晶莹剔透，旁边释然也被水晶菩萨吸引："释行，快给我看看。"

释行小心翼翼递给释然："师兄，小心一点，别给我摔坏了。"

释然接过，对着阳光看水晶反射出各色光芒，煞是好看，不由得啧啧赞叹。

释行在旁边见释然久久不归还，也开始催促起来："师兄，看完了，该给我了。"

释然这才想起释行还在旁边，这么好的水晶把件，可不能就让释行抢了去。释然眼珠一转："释行，菩萨就是菩萨，何来归还一说？"

释行见师兄这么问自己，这可急了："师兄，这是我捡到的，借与你看，你当然应该归还给我。"

"这可是我们同时看到的，我让你捡起来罢了。"释然伶牙俐齿。

"掉在地上，有缘者得，我捡起来我自然是有缘人。"释行也不甘示弱。

释然把把件紧紧攥在手中："现在在我手上，我就是有缘人。你若和这尊菩萨有缘，自然会到你手上。"

"师兄你欺负人，我要告诉师父。"释行已经没有办法，只得拿出自己的"尚方宝剑"。

"你就只会告诉师父。"释然不以为然。

"何事争执？"此刻戒缘师叔正站在院中，在殿前练笔，写下"得大自在"四个字，听到师兄弟俩的争执便转过头来，"佛门清净地，你们怎么争执起来？"

见师叔在此可以给自己做主，释行的眼泪一下就流了下来，结结巴巴地把前因后果讲与师叔听。

戒缘师叔听了，吩咐释然："释然，把东西给我看看。"

师叔吩咐了，释然不敢不听，只得老实把小把件萨递给师叔。

戒缘师叔接过小把件，不住点头："水晶质量上乘，雕工精细，确实是好物件。"戒缘师叔尽兴欣赏后，见面前两双明亮的眼睛正巴巴地看着自己，还在等自己做一个公道。

"释然，释行，这物件可是我们寺庙中的？"

"不是，应该是今日清明前来祭祀烧香的香客掉的。"释然老实回答。

"既是香客的，你和释行又如何起了烦恼？"师叔继续问。

"香客已经掉了，被我捡了。"释行年幼，抢着回答，不忘突出是自己捡到的。

"你们且听我说，世间很多事物，其实'没有'比'有'更让人快乐。今日有了这个物件，就产生了烦恼，而且进一步烦恼今日谁会得这物件，二人都会有迷惑。出家人以贫僧自居，贫就是让我们在人世中觉悟，不致为福报、物欲而蒙蔽。"

"可是师叔，这是一尊菩萨，我想拥有它，无非也是出于一颗虔诚的亲近敬畏心。"释然想要辩解。

"依我看，如果因为它而让你们起了烦恼，那么它就不是菩萨，而就是一块石头而已。要记着时刻保有清净之心。"戒缘师叔的话，释然师兄弟两人听得似懂非懂。

"师叔，它不是菩萨，那么它是什么？"释然也未明白师叔的话。

"菩萨或者别的，都只是我们眼中的感受，其实它只是一块石头。知道了它只是一块石头，尔等又何必烦恼？从此小事可以见大，我们所见皆是心性呈现。不如我们在此，等掉了这个物件的香客前来把它寻回去。"戒缘师叔提议。

三人站在银杏树下，清明时节，上山踏青的行人也到寺庙之中休息、吃斋饭，人来人往络绎不绝。春风拂面，娑罗树白花簌簌掉落，自有情谊其间。释行看到一个香客在寺庙内四处徘徊，拉拉释然的衣衫示意他注意那个香客。

释然也看到了那个香客，想来就是他了。释然走到香客面前，双手合十，恭敬地问："居士可是在寻什么东西，需要小僧帮助吗？"

香客非常着急："一个水晶物件应该掉落在此，是家父所传，怎么也找不到。"

释然将水晶菩萨呈送给香客："可是这个物件？"

香客没想到这么容易就失而复得，对释然连声道谢，释然也只是转头走回到师叔跟前。

见水晶菩萨就这样送走，释行低头闷闷不乐，而释然却似乎有不一样的感触："师叔，不知为何，没有了水晶菩萨，见香客这么高兴，我反而也很高兴。"

戒缘师叔摸摸释然的头："对，万事万物，欢喜心才是最重要的，生命当如清澈溪流，流过草木清华，流过落叶边陲，看过浮华万象，最终也不受约束和局限。送走了水晶菩萨，但我们留下了清风。"

谷雨茶

> 一壶茶里面少了一片茶叶仍然是一壶茶。布施一如一壶茶，
> 少了自己一片似乎不影响茶味，但是不然，少了这一片，这壶茶
> 便少了我这片的芳香，即便一片茶叶再小，也会分散到每一滴水。

每到谷雨这天上午，师父会要求寺内众僧到后山采茶，师父说必
须要谷雨这天上午采的新鲜茶叶做出的干茶，才是真正的谷雨茶。

释然和师弟们都跟着释恩师兄学习，释恩师兄最厉害，半天就可
以采下来12公斤茶叶，释然、释行怎么也学不会。

释行年幼，并不懂茶品："师兄，为什么谷雨这天一定要采茶？"

释恩师兄一边劳作一边回答："听师父教导过，明代许次纾的
《茶疏》谈道：'清明太早，立夏太迟，谷雨前后，其时适中。'我
向师父详细问解，师父说，新年伊始里春季的谷雨最温和，不骄不
躁，抑扬饱满，内含充分激励的气息，选午前采摘的嫩茶自为谷雨

茶，茶性温良，有祛火之功效，亦可作茶疗。因之后来，才从'茶之德'生发出茶道，我们僧人历来就要种茶、制茶、饮茶，传播茶文化。"

释行听得发愣："师兄，这茶叶还有这么深的学问？"

释恩并不骄傲："那是当然，不过师父才是真正精于茶道的高人。今夜，师父要与玄净法师品茶论道，你们可以在旁听听一二。"

释然、释行连连点头。

到暮钟响起，释然、释行早早到师父的禅房静候。师父也不问他们前来为何，只是吩咐释然取出去年的谷雨茶。

释然知道这谷雨茶极其珍贵并且极少，玄净法师是寺庙的常住僧人，师父却拿这么珍贵的茶来招待玄净法师，心中连连惋惜。

明月当空，师父与玄净法师坐在竹林边，寒宵静坐，松月花鸟，绿藓苍苔，清茶散发悠然清香，甚是清雅。

师父与玄净法师淡淡闲坐，香已然烧去数根，玄净法师说："有人曾说'茶道不过烧水点茶而已'，仔细想来，是从微不足道的生活琐事中感悟宇宙人生。"

师父微微点头："修禅者是要从这般小事中悟透人生的。"

……

是夜，清风雅集，师父与玄净法师静默良久，茶具热气成束，袅袅飘去。即使释然、释行不懂茶道，但是在这静谧中也感悟到一些清净的无限真意。不久，天色已晚，师父便与玄净法师散了。

走在回去的路上，释然几番想询问师父也没开口。倒是师父先说："说吧，有什么问题想问。"

释然知道自己的心事已经被师父看透，便如实问来："师父，谷雨茶最是珍贵，玄净法师并非稀客，日日在寺中，为何也要用这么珍贵的茶待他，不留做日后更要紧的用处？"

师父一笑："有句话叫'借出的钱永不盼望收回，便永远有利息在人间'。释然，你可体悟到这是何等澄明的见解和广阔心胸？我们常说'柔和如水，温如春光'，想要行云在天，流水在地，不看淡私利如何能做到呢？"

释然听到师父这么一说，便知道自己修道之路还极为漫长，平日总说出家人万事皆空，自己却还在想着一杯茶的利益。

师父继续说着："'惠施众生，不自为己'，怎么会在乎一碗谷雨茶？也唯有昭如日月，平淡坦然，人生才能自在。"

"那么师父，是不是把好东西都给别人就是施舍？"释行也听得入味，虚心向师父请教起来。

"我们施的并非自认好的东西，而是施的平等、随意、积极、不求回报。真如此，才能得到自在圆满。"

"可是师父，我们这么小，能给别人布施什么？"释行有很多疑问想要询问师父。

师父一笑："释行，你可记得今夜喝的茶，一壶茶里面少了一片茶叶仍然是一壶茶。布施一如一壶茶，少了自己一片似乎不影响茶味，但是不然，少了这一片，这壶茶便少了我这片的芳香，即便一片茶叶再小，也会分散到每一滴水。"

原来如此！释然、释行对视一看，莫看自己小，也自有用处。

"再者，茶叶只供以我们清净，我们布施也尽管供以自己的清净。你们到了，且好好睡去。"师父见释然、释行进了禅房，关上门，谷雨一日，就此终了。

不忘初心

你谷雨插秧，还是打坐修行，真实的你并未改变，在谷雨插秧时候的你，或者在谷雨采茶的你，或者现在听我说话的你，都是同一个真实的你。既然真实的你并未改变，那么你所做的一切都可以和谐、清明。

这天还没打早觉板，师父就早早叫醒众僧，带领大家下田插秧，师父说，这是今年首次的水稻种植。

释果、释然睡眼惺忪地跟在大家后面，到了水田边，众僧挽起裤腿，纷纷下到水田里面开始紧张的劳作，大家分工有条不紊，有的负责把秧苗分出，有的负责运送，有的负责插秧。

师父主要向释然、释行等十多个小沙弥传授农活技术，还给大家讲解怎么分秧、清洗、捆绑、插秧，释行几个小师弟学得有模有样，唯有释然、释行昨夜因为偷偷溜出去玩得太晚，一直无精打采地跟在大家后面。

释然嘀咕着向释果抱怨："寺院本是修行之地，让我们下田做农活，哪有助于我们修行？"

释果一边插秧，一边回答释然："我们寺庙历来是'农禅并修'，谷雨季节都要到田间地头学习修行，这是多年的规矩。好好干活吧。"

那边释行和几个小沙弥已经开始在水田里面走动，一边把分出的秧苗一小捆一小捆地搬到溪边清洗，一边玩水。"还是释行的年纪好，只知道玩乐，师父也不责怪他。"释然愤愤然。

释果知道释然是没有睡好："得了，你也有释行那般年纪，师父一样对你是厚待有加，难不成你想师父一直把你当小孩？"

释然知道释果说得对，也不争辩，只求早早完成今日田间劳作，能够好好睡上一觉。

一忙就是一天，众僧终于把水田全部插上了秧苗。等到回去时候，释然困意早就过去，准备听晚课。

释然还是对谷雨劳作颇为不满，忍不住要对释果抱怨："师兄，咱们寺庙也有居士布施，我们何必这么辛苦劳作？自己耕种，自己劳作，实在不利于专心修行。"

"谷雨时节是播种移苗的最佳时节，'清明断雪，谷雨断霜'，谷雨之后寒潮天气就要结束了，大大有利谷物生长。自然谷雨要认真劳作。"释果并不明了释然是在抱怨太累，认真地给释然解释着。

释恩在一边听了释然和释果的对话，心下明白释然是在抱怨劳作太累，今日师父已经休息，且就由自己向释然讲道。释恩说道："我们所体验的一切都只是外在的形式，你谷雨插秧，还是打坐修行，真实的你并未改变，在谷雨插秧时候的你，或者在谷雨采茶的你，或者现在听我说话的你，都是同一个真实的你。既然真实的你并未改变，那么你所做的一切都可以和谐、清明，有纯一的绝对性，既然纯一，那么你谷雨采茶，还是谷雨种棉，或是参禅布道都可以开悟。你一定要以谷雨插秧的时间去听经念佛，那么你就是落于形式了。"

释果听到释恩一席话，心中也暗暗佩服，释恩的修行果然比自己精妙，让自己也有所心得："师兄的意思，就是悟道不在别处，在我们的眼睛、耳朵、意念、触觉等一切觉知之中。若能明白，我们便是一个纯一的自我。"

释然听了半晌，还不明了，释恩正在着急自己不能够向释然解释明了。但释然听释果一说，也不由得欢喜起来："师兄，是不是我们一如一条大河，流经石头、树林、鲜花、坎坷等任何形式，但是我们自身就是大河，这才是本源的我，是不变的我，我们流经的任何地方，都是我们的历练进程，在历练中不忘初心，方能悟道。"

"悟了！"释恩欣喜地说。

正说着，晚课开始了，释然也跟着师兄一齐去用功了。

夏

立夏万物生

立夏时分，雨量增多，作物在雨水中吸收生长，被光阴所唤起，动物吸食于自然，在自然中生长繁衍，这个世界无论是广袤的土地还是大海，或是每一点滴尘埃，都在生长不息。

到了立夏前几天，释然早早叫上释行和几个小沙弥，沿着山路一路下行，挨家挨户去化斋，这家给点米，那家给点新鲜的菜，几天下来，囤了不少豆子、莴笋、竹笋，同时还化斋了一些油盐酱醋。

立夏这天，释然带着释行几个小师弟，带上铁锅、饭勺，在山上煮饭。山上槐花正开，万物繁茂，一群小沙弥手忙脚乱地要把化斋得来的食物煮熟。按理释然年纪较大，应该是他来掌勺，不过释然今日就想躺在绿树浓荫下看百般红紫斗芳菲，再指挥一帮小沙弥忙前忙后，他优哉游哉，居然睡了过去。

因为是在野外，释行等也觉得乐趣众多，大家忙碌着，场面很热闹，一锅香喷喷的五色饭很快煮好，释行等眨巴眨巴着眼睛等着释恩等师兄来了一起开吃。

释恩等师兄在干完活后也来到了山上，释然还在呼呼大睡，释恩随手折下一根草，去挠释然的鼻子，释然拂去草根，再睁眼，看到师兄师弟已经笑得前仰后合。

吃饭的时候，释果嘲笑释然："你这个师兄带着一帮师弟前来做五色饭，自己还大睡过去，享受着师弟们辛苦的成果，你可好意思？"

释然不以为然："立夏这日，温度升高，炎暑将临，人就容易烦躁不安，心火过旺，人就要顺应天气变化，重在养心，睡上一觉，养好精神，才能神情安静、笑口常开。我睡上一觉精神饱满才能够与尔等说说笑笑，调节大家身心。"

众僧说说笑笑，很快中午时间就过去，释果招呼大家："孟夏之日，天地始交，万物并秀。作物进入生长后期，赶紧去地里耕作。"

释恩却摆摆手，示意大家不急："不急，师父交代我们饭后可在山上小憩片刻，看看山谷草原。"

释行不解："这山谷日日都看，哪有什么好看的？"

释恩一笑："师父自有他的道理。"

而释然又躺在浓荫下睡去。到下午师父也来到山上，却见众僧横七竖八躺在草坪上睡得正香。

等到释果睡醒，却见师父独坐一旁，望着天边无尽的晚霞，天空、山、云显出非凡之美，师父的身影映衬着天涯归鸟，面容祥和。释果也看得呆住了，师父身上似乎存在沉默的力量，从身上发散。

等到众僧陆续醒来，也为师父身上所散发的气质感染，坐在师父身旁看着渺远的天空。

释行也为意境感染，若有所悟又若有所惑，唯有小声打破沉默："师父，你让我们看山谷草原，这山谷日日都见，哪有什么好看的？"释行言语之中颇有感慨。

另一个小和尚也赞同释行的话："是的，我觉得还是山下的世界好看，热闹。"

释恩一笑："山下的世界无非是是非、纷扰、电光、浮影。"

此刻星月渐起，山的姿影在暗中无比妩媚，云层边缘若有金光，萤火不时流浪而过。师父手抚小和尚的头："身处幽静山谷，人往往向往外面的繁华世界，在我看来，立夏时节，物至此时皆假大，心与此刻山水接应，静心在此感受萧萧天地万物生长，已是至大福气。"

释行也不解："可是师父，这日日见的山谷天空，哪里美呢？"

"这要看你是从哪里看的。"

释行仍然不解："那师父是看山，看云，看月亮，还是看星星呢？"

"释行，以前师父也有过这样的困惑，后来为师知道，重点不是你在山上或是山下，也不是你看山还是看街市，而是心，从心里看一切。就像今日立夏，你们可感受到宏大无疆？"师父问众僧。

"宏大？"释行不解。

"立夏时节，万物繁茂，萧萧天地，万物生长。此乃至宏大之状。而我们于微尘中，见如此这般美好，岂不妙哉？"师父给释行解释。

"妙在哪里？"释行也要打破砂锅问到底。

"释行，你可想见立夏时分，雨量增多，作物在雨水中吸收生长，被光阴所唤起，动物吸食于自然，在自然中生长繁衍，这个世界无论是广袤的土地还是大海，或是每一点滴尘埃，都在生长不息。如此之宏大境界，难道不妙？"师父娓娓道来。

"师父，为何我们之前没有想到这种境界？"释然不服。

"所以我让你们午后在此静思，用澄澈的心去感受。"

此刻，禅林深处传来暮鼓，钟声后安板响起，师父哈哈一笑："释恩今日懂了，人心就是世界。是日已过，我们且回！"

不即不离

　　春来春走，夏来秋往，都是自然。花开有花开的美，花谢有花谢的好，春来有春的美，春走有春的好，能体会到周边各种情况的美好，就是最好的心境。

　　夏天来了，温度明显升高，释果半夜睡不着，起来推开窗，却看到竹园里面有点点灯火。

　　释果循着灯火走去，天上一轮朗月高悬，月色如水，竹园里面竹影婆娑，夜风吹拂，竹园似有薄雾升起，袅袅消失在上空。释果走到灯火处，原来是释然和师父对坐凉亭，共赏月色，前面石桌上摆有樱桃、梅子。

　　释果打趣道："师父、师弟真有闲心，在竹园坐看云卷云舒，仰观星月起落。"

　　没想到释然却深深叹了一口气："迎夏之首，末春之垂，大好春光过去，我是在此略备茶食品为欢以饯春。正所谓'无可奈何春去也，且将樱笋饯春归'。"

释然一向大大咧咧，释果也觉得意外："没想到师弟还有这种复古情怀，平时真没看出来。"

释然正想抓住时机显摆一下自己："绮靡浓艳，伤春悲秋，我们就是要修得一颗悲悯心。春走了，真是让人伤感。"释然说完，还偷偷看了一眼师父。

释果问："那今晚师弟是和师父约好饯春尝新？"

释然故作深沉："记得在立春时节，师父说过要顺应自然、顺应季节，自然而然就是禅机。今晚立夏春尽，真是伤感，我在此饯春，也是增加自己的修行。正巧师父路过竹园，也就和我一道坐下饯春。"

释然正偷偷为自己的表现得意，师父却淡淡说："非也，我非饯春。"

释然的说辞被师父否定，一下子羞得无地自容，但是也要为自己辩解一二："师父不是说过，顺应自然才能获得平衡。人要随着节气变化而变化，以主动融入的姿态适应大自然变化，今日立夏春走，我顺应时节而为饯春，难道不对吗？"

师父略微摇头："非也，春走了，夏来了，正是如此。"

释果本想嘲笑释然卖乖反而出丑，但是也不理解师父的话，也恭敬地等师父详解。

师父知他二人不解："春来春走，夏来秋往，都是自然。花开有花开的美，花谢有花谢的好，春来有春的美，春走有春的好，能体会到周边各种情况的美好，就是最好的心境。"

释然不解："那么师父，我们苦苦修行到底是要得到什么呢？是不是可以得到一种神秘的经验？"

师父淡淡说道："修行不是为了获得一种好奇心和神秘的满足，而是让我们明心见性，认识自我本性，进而开发自己的智慧宝藏，开发越深，得到的智慧越高。"

夏夜凉风掠过竹林，夜间的空气潮湿冰凉，石桌上的樱桃梅子自有朴实味道。释然喝一口茶，茶香清冽，一波一波轻轻拍在心上，似乎触摸到时间沧桑的容颜，让人有一种温柔的心情，不知不觉中沉沦。释然为这无声却神秘的感受所震撼，有了许多美好的感受。

听着师父的话，空中传来简单清淡的香味，似乎曾经感受的安宁或激情都已飘远，释果感觉自己正处于一个巨大而凝重的时空点上："师父，是不是好比我们寻找春天，踏破草鞋，却忘了嗅嗅枝上梅花，我们舍近求远，离春就越来越远？"

"是的，不思过去，不想将来，不用钱春，不用迎夏，体验珍惜当下即是福。"

此刻夜色渐深，有风从竹林深处吹来，无边无际，无穷无尽……

小满悟残心

　　从春到夏，自然从无到有，小满时节逐渐趋于圆满，也是渐次到达成熟的一个过程，夏之饱满和秋之硕果累累，也是从春到小满，如此跨越万千时日而至，经过努力才达到，少一日不可，多一日也不可，这正是世界最美的安排。

　　进入小满以来，戒严师叔就拎着一壶茶，在竹林里面晃荡，有时候会嘀咕两声"小满未满"，释果听得似懂非懂，也学着躺在竹林里，嘀咕两声"只是小满，还未大满，实无风景可赏"。

　　这一天师父命众僧集合，众人皆未见释果，便命释然去找。释然找到竹林深处，见释果斜倚古树，百无聊赖。

　　"师兄，你在这里做什么？师父找你呢。"释然问。

　　"找我作甚？"释果没精打采回答，此刻空气干燥，杨絮被风吹得四处散落。

"师兄，你近日怎么这么颓唐？"释然不解。

"那日，我听到戒严师叔读了一首关于小满时节的诗，'田家此乐知者谁？我独知之归不早。乞身当及强健时，顾我蹉跎已衰老'，我们日日诵经读课，有什么意思，还不是岁月蹉跎？"

释然一下被释果问得哑口无言，便也靠着树坐下，看着天光逐渐暗去。

二人眼看夕阳斗转，皓月长空，完全忘却时光转换。突然被一生洪亮声音惊醒："原来你二人在此，害我们好找。"

原来是戒严师叔，他拎着一壶茶，声如洪钟，瞬间打破了竹林静寂："你二人在此作甚？在此偷懒不做功课，实在该罚。"

释然想要解释，释果却懒懒地抢在前头："师叔，看现在这个时节，万物都未成熟，也没有破芽的喜悦，既无春之妖娆，也无夏之热情。天光日日徘徊，大自然也有这等无聊的时光，我们何不'酒贱茶饶新而熟，不妨乘兴且徘徊'一下呢，难道要待到岁月蹉跎，衰老的时候才隐退？"

戒严听了释果的话，知他是心有所惑，此刻南风吹动野草，桑叶正肥，戒严师叔哈哈一笑，倒让释然和释果吃了一惊。

"你们二人看看，此刻皓月长空，碧波涟漪间睡莲初绽，还有萍蓬草、梭鱼草、金丝桃、石榴花、广玉兰、南天竹遍布庭前，处处皆美，独一无二。何来既无妖娆，又无热情之说？"戒严问释果。

释果倒也有他的理由："师叔，春有百花冬有雪，而小满时节，却不够妖娆也不足寒凉，有何特别？倒让我想起这寺庙中的年岁，一年又一年，都是如此过去，无惊无险无喜无悲，有什么乐趣？"

三人正争执中，师父的声音传来："小满非炙热，也非至寒，无春之百花，也无秋之百果。但是它没有隐藏，也没有显露，只是如实呈现这个自然状态，不怕人笑话，也不需要掌声，不正是清澈如水晶，自然而至美？"

听到是师父的声音，释果也不敢造次。师父随意坐下："你看着没有风景，但是这如实呈现的状态，不正是至美无边，凡事都需要有一颗水晶般清澈的心，才可体味宇宙间清明深邃之意境。"

释果还想为自己辩解一二："看着夏熟作物开始灌浆，但似满非满，实在无趣得很，便想到自己修行，似有非有，有何意义，有何乐趣？"

"修行之路漫漫，要有一颗'掬水月在手，弄花香满衣'的心，要知道每一日都是修行，每一个念头都是修行。而观照一个人是否修行恰当的，莫过于看他颓唐时候的'残心'，看似小满并无乐趣，看似修行漫漫辽远，但是要知道生命正如一条溪流，流过草木清华，也流过石畔落叶，你能说惊涛骇浪是美，而细水长流则无趣？"师父取过戒严师叔的茶壶，也小啜一口。

"虽然不是无趣，但是小满也毕竟没有春的百花开那么让人欢喜，也没有秋的百果成熟让人感叹。"释然也忍不住要替师兄辩解。

师父看了释然和释果一眼，微微一笑，再将目光落到树梢，看得很远很远："从春到夏，自然从无到有，小满时节逐渐趋于圆满，也是渐次到达成熟的一个过程，夏之饱满和秋之硕果累累，也是从春到小满，如此跨越万千时日而至，经过努力才达到，少一日不可，多一日也不可，这不正是世界最美的安排？"

"我们正是要一颗体贴万物的心，要一颗不厌倦不气馁的心，能眼见作物饱满，花开缤纷，都非易事，要想到在这看似平淡无奇的背后，每一株植物都在吸收着养料和空气，都在成长和呼吸，如此才能每一时刻都感受到自然的真谛和智慧。"

"那师父的意思是'日日皆好日'？"释果进一步追问。

"是也，'日日皆好日'，我们唯有用平常心接纳一切，才能静心养性，做事也坦然。"

圣心超然

我们的眼睛喜欢看五颜六色的东西，鼻子喜欢香的东西，嘴巴喜欢吃美味，老子说过，'五色令人目盲，五音令人耳聋，五味令人口爽'，正是这些色声香味等尘垢，让我们忘记了本心。只有消除了这些表象，才能保持喜悦之心。

小满这一日，掌管全寺伙食的大厨戒严师叔备了大桌的野菜，苦菜萝卜丝豆沫球、什锦苦菜、凉拌苦菜、苦菜粥……云板响起，众僧鱼贯进入斋堂，一大桌苦菜，众多小沙弥看得瞠目结舌，但仍然依序就座，开始用斋。戒严师叔还乐趣满满地向众僧介绍："'小满吃苦菜'，这个苦菜可是最早食用的野菜之一，有营养，能治热症，还可醒酒。今天这个苦菜萝卜丝豆沫球，你们尝尝，苦菜泡了两小时，再备上豆面、豆渣、萝卜丝做成球，此道菜清热、凉血、排毒，有利身心。释行，你最小，在长身体，你试试这个什锦苦菜，配以香菇、豆腐、粉条、土豆、白菜，淋上香油，色香味俱全……"

　　戒严师叔介绍得唾沫横飞，而众僧只顾埋头扒拉着碗里的苦菜粥，只觉得口舌之间苦涩浓重，难以下咽，不过大家也不敢抱怨。戒严师叔夹来菜品，大家都礼让有佳，让师叔自己享用。释果悄悄示意释然，让他跟着自己走，这一切被好奇机敏的释行看在眼里。

　　用完膳，释果前脚走出斋堂，释然就跟着出去，释行也赶快放下碗，尾随其后。释行一路跟着释然、释果，见二人顺着竹林走向山峰顶端洗心亭。洗心亭盈翠萦绕，更显得此处雅致清幽，亭边池水清澈，徐徐凉风过处，涟漪轻柔，浑然天成又不动声色，释然感觉自己的心似乎也柔软到无所依傍，不由得感叹："兴来更上高寒处，此境应无萧使君！"那边释果却在亭边石块下摸索，很快摸索出几枚鸟蛋，扒拉几下，燃起火堆，很快烤蛋味便扑鼻而来，释然与释果正在大快朵颐，释行跳出来："好啊，两个师兄，不去劳作，在此偷吃，而且还偷藏鸟蛋，犯了大忌，我可要告诉师父。"

　　释然正有点慌张，却见释果淡淡一笑："师弟，这个鸟蛋烤出来想不到这么美味，还有几个，我们一起分了？"释行闻着香味，不由得暗自咽下唾沫，说着："师兄，要不给我闻闻？"

　　释果递给释行一个，释行也不客气，三下五除二便吃进肚里，三人很快打成一片……

　　却说戒严这边，看众僧吃好，便让众僧出去劳作。众僧因为苦菜难以下咽并未吃饱，再加上夏日炎炎，劳作起来无精打采。见大家劳作毫无兴致，释恩师兄也有点着急："今日小满，进入最繁忙时节，接下来即将三夏大忙，这样劳作，今年如何才会有好收成？"

寺庙中几个小沙弥平日正嫌释恩师兄管教自己过多，今日吃了半肚子苦菜又不敢言，正在气头上也不禁嘀咕起来："作物都开始饱满，还何必这么辛苦？"

释恩见师弟们有所抱怨，也不计较，反而循循善诱："现在即将收获，还差最后的劳作，所谓'行百里者半于九十'，正是作物饱满的关键时刻，大家齐心合力，可从小满一天天走向圆满，才能够决定这一年的收成，才知我们付出的价值几何。"

几个小沙弥被释恩说得哑口无言，左看右看，却不见释果、释然、释行，便顾左右而言他："师兄，你们好偏心，今日劳作，释果、释然、释行三人又偷懒不在，你们却还在日头下教训我等。"

这边的争执被戒严师叔听到，过来一看，果然三人不在，便吩咐释恩带领大家劳作，自己去寻找。

戒严一路顺着小径，远远听到洗心亭传来笑声，知他三人在此偷懒，却看三人把脚泡在池里，吃着烤蛋，嬉戏不止，不由加快步伐来到三人面前一声怒喝："好你们几个人，在此偷懒偷吃，可知犯了几戒？"

释行最小，被师叔一呵斥，当即放下鸟蛋，低头不敢言语。释果由于多次和师叔破坏规矩，不那么胆怯，干脆向师叔吐出真话："师叔，你弄出满满一桌苦菜，苦涩难咽，吃在嘴里，苦进胃里，吃进肚子更感觉没有力气，当初您不也感觉寺里饮食难堪，而带我出去偷偷打牙祭？"

戒严知道他们三人不理解今日做苦菜的缘由，也不怪他们："要是别日，可另说。可今日小满，正该吃苦菜。"

"小满季节就要吃苦菜，是要人忆苦思甜？"释果不解。

"小满吃苦菜大有来历，小满时节农作物籽粒开始饱满，但尚未成熟，苦菜蓬勃生长，正是食用时节。加之中国饮食历来有'清补'一说，正是要吃应时的食物，李时珍称苦菜为'天香草'，小满吃苦菜，一可尝鲜，二可清除身体内油腻。古人历来讲究顺应自然，小满时节吃苦菜不也是身体力行和自然和谐共处，去适应自然的变化，做到不误天时。"戒严告知三人。

释然也加入了讨论："师叔，你是说了苦菜一大堆好处，应时、治病、顺应自然，但是非要大家一起吃苦菜，是不是太过刻意了？"

戒严笑笑："老子说过，'五色令人目盲，五音令人耳聋，五味令人口爽'，今日饮食苦菜，也是希望借此提醒众僧，消除了这些表象，才能保持喜悦之心。而你们却不能隐忍这一点点苦难，可见修行之路还长！"

"原来师叔用心良苦！"三人听后，也不由异口同声感叹。

芒种论闲情

"百花丛中过，片叶不沾身"、"风来竹面，雁过寒潭"、"不雨花犹落，无风絮自飞"都是大的闲情逸致，都是闲暇的大境界。"不用心"就是不要为一个念头而操心，心也不停留在焦虑上，身心自在，才能够享受闲情。

芒种一到，释果就吩咐释然等小沙弥在田里抢收大麦、小麦，兼管春种的庄稼，还随时唠叨两句："五月节，谓有芒之种谷可稼种矣。"还不时催促大家"春争日，夏争时"，说芒种样样都要"忙"。

烈日当空，释然等师兄弟在地里劳作得大汗淋漓，好不容易挨到晌午吃饭，大家才坐下休息片刻，释恩看着眼前"东风染尽三千顷，白鹭飞来无处停"的田园秀景，忍不住感叹道："真是'家家麦饭美，处处菱歌长'，一派美景让人怡然忘归。"

释果听了释恩的话，看着师父、师兄弟们都在，决意要好好表现一番，对着大伙说："大家抓紧时间休息好，最近气候变化大，进入多雨时节，要是小麦不能及时收割、脱粒、贮藏，就会落粒、穗上发芽霉变。'收麦如救火，龙口把粮夺'，要抓紧一切时间抢割、抢运、抢脱粒，要不然我们到手的庄稼就要毁于一旦。"释果说完，洋洋得意地看着众师兄弟，还忍不住看了师父一眼，心想师父嘴上不说，心里一定觉得释恩只知欣赏美景，还是自己懂事、能干，能催促大家劳作干正事。

释然听到两位师兄截然不同的对话，伸了一个懒腰："还是做一株小麦好，凉风从身边吹过，再等着成熟被人收割。"

释果自持自己是师兄，要趁机教育一下释然："释然，你错了，小麦也是很忙碌的。你看，小麦扎根在土地里，要吸收土地的水分和养分，还要和阳光进行光合作用，然后不断吸收二氧化碳，吐出氧气。我们也不能只想着休闲，要看到事情的另一面，看到小麦也那么忙碌，不断吐出氧气来净化我们的空气。"

释然听了释果一番话，嘴上虽然不说，但是心里还是不由得佩服释果师兄，能看到事物的另外一面。释果说完，也再一次为自己的聪明才智洋洋自得。

正当几个师兄弟心里各有想法的时候，却听到戒缘师叔哈哈一笑："释果说得有失偏颇哦。"

听到自己刚才一番表演非但没有被表扬，反而被师叔嘲笑，释果的脸瞬间就变成了红褐色，心里也不服气，却不敢顶撞师叔："师叔修行深厚，我不懂的地方还请师叔指教。"

戒缘师叔问释果："你们现在是在做什么？"

释果答："饭后稍是休闲，一会儿劳作。"

戒缘师叔再问："既然是休闲，为何催促大家劳作？"

释果一听，忍不住觉得委屈："师叔，'芒种'、'忙种'，'忙着种'，我也是害怕耽误季节，才催促大家要把田间劳作的事情挂在心头。"

释然听到戒缘师叔和释果师兄的话，也被吸引，静等着戒缘师叔说出个缘由。

戒缘师叔一笑："释果，休闲即是休闲，休闲就该什么也不做，就该什么也不想，这样才是休闲。你休闲的时候想着劳作，脑子里面有了负担，那么便不是'休闲'，而是'忙'。"

释果一听师叔的话，还是不服气："师叔，方才我们什么也没做，坐下来闲谈，自然要记得自己身上的任务和工作，提醒师弟们要记得劳作，怎么叫'忙'？"

戒缘知道释果没有理解："休闲的时候，就不要想什么。休闲不在于身体是否劳作，也不在于时间和方式，更重要的是心有闲情，这样才不至于像你方才那么焦虑。所谓'不用心'就是不要为一个念头而操心，心也不停留在焦虑上。刚才你焦虑于'芒种''忙种'，闲的时候没有真正的休息，是你的心被焦虑困住。而在闲暇时候，身心自在，才能够享受闲情，否则，大家坐在此，有闲时而没有闲情，有何益处？"

释然一听戒缘师叔的话，想着果然境界不一样，谈吐之间高下立见，心中不由得拍案叫绝，暗暗为师叔的境界折服。

释果心里还是有些不服气，还要为自己辩解一二："师叔，我方才提醒师弟要看到小麦不断忙碌，而净化空气，我们也当深入生活，也并无大错。"

"古人说'闲情逸致'，不要以为闲情一定要等万事做成之后才可以，也不要以为闲情一定要'告老还乡'之时才有时间去享受，更不要以为闲情一定要家财万贯才有资本享受。要知道，闲情与潇洒、心无所碍是一体的，陆游说过'闲身自喜浑无事'，方才我们坐拥天上云卷云舒，静听野水无声自入池，释果却没有闲暇的心情，也就是没有领悟到一直存在于大千世界的闲情逸致，却让自己心有重负，便辜负了这'时时是好时'的无上妙曼。"

"师叔，那是不是我们忙碌的时候，心中也要想着闲暇？"释行听得懵懵懂懂，个中滋味各种不解。

释恩已经明了师叔的意思，替师叔说道："人生有忙碌也是好事，如果没有忙碌，人就不能真正体会到闲暇，也不能够真正体味到闲暇的滋味。忙的时候，我们便一心品尝忙的滋味，闲暇的时候，就安心闲暇，这样就样样都有滋味，样样都不缺。这样才能真正品味到忙碌的好和闲暇的清凉。随遇而安，活在当下便是最好时节。"

"释恩悟了！"戒缘师叔大声赞叹，"大家开始劳作了，'芒种'就应当'忙种'！大家开始'忙着种'吧。"

带香气的回忆

美好的东西，放在你们的手上，也是放在我自己的手上。当我们看到百花掉落，体会到万物生长后万物轮回，逐渐与之融为一体，便是一种清洗、一种静寂、一种满盈，如此这般，生命才能渐入佳境，从容自在。

前些时候忙着田间劳作，真的是"芒种芒种，连收带种"，大家每天劳作回去累得倒床就睡。

这一天大家劳作完躺在僧房床上，却见师兄释恩推门进来，一手拿一个瓶子，一手拿着一株茉莉，释恩小心地把茉莉插在瓶子里面，顿时室内便隐隐有了清逸的香气，让人的心情也舒爽了。

第二天大家正要休息，师兄释恩再次进来，又拿了茉莉插在瓶子中。这下释然忍不住了："师兄这两天怎么这么好兴致，每晚来给我们送花？"释然一问，几个小沙弥也起来，团团围住释恩师兄，要师兄告诉他们原委。

释恩知道他们不得到答案不会放自己走，便告诉师弟们原委："前几日，我晚上一个人正在禅房翻阅《红楼梦》，当翻阅到芒种百花凋残，大观园中女孩们饯送花神归位，看到那些女孩将大观园打扮得绣带飘飘，花枝招展，道不尽的热闹。再翻阅到后面，林黛玉见芒种是饯花神的日期，将残花落瓣拿去掩埋，并且念出了《葬花吟》，看到林黛玉那一出'飞燕泣残红'，再想到以后大观园里面的女孩都像落花一样，陷于污淖沟渠之中。我就想到有人说过'伤心一首葬花词，似谶成真不自知'，想到芒种时节是'开到荼蘼花事了'，繁花似锦的好时节过去了，万花都掉落，可以说是'千红一哭，万艳同悲'，正契合了林黛玉的心情，想到命运颠沛流离变幻莫测，一个人便坐在禅房叹气。"

释恩说着，稍微休息，师弟们听了释恩的话，也觉得命运诡谲难以捉摸，加上百花凋谢也觉得年年复复，让人感叹，心情也不由得沉重起来。释然却还想进一步知道结果，追问道："师兄，然后呢？"

释恩继续说着："我正在一个人叹气的时候，被师父看到，师父问明了我原委，我也如实告知。师父便让我白日看到园里的茉莉时，让我摘了茉莉，每晚插在你们禅房。"释恩知道师弟们还会追问，便一道说了："至于师父有什么深意，我也实在不解。"

释恩说完，大家七嘴八舌地开始讨论。有的说："师父一定是想让我们知道，日子苦短，要珍惜珍重，像花一样要珍惜时间。"

也有的说："师父定是看到释恩师兄说没有花了，才让释恩师兄采了茉莉，让咱们别忘了芒种时节也有花开。"

大家在争论不休的时候，师父进来了，师父先是深深嗅一口空气，再说："这茉莉清雅至极，沁人心脾。"

大家见师父进来，便安静下来。释恩知道大家满腹疑问，便代众师弟们问了师父："师父，您见我芒种感叹百花凋残，让我日日给师弟们采花插花，不知是何深意？"

师父坐在释然床边，看茉莉开放得清欢淡足，不禁微微一笑："你们看到这茉莉，是否会想起所有开花的好时光？等到茉莉凋谢，日后回想，是否也是一种带有香气的回忆，更显得记忆韵味深长，日后随着季节走入深秋、严冬，这记忆中的香气也会在寒夜放散。"

"师父，芒种时节百花凋残，确是让人哀婉，而就这般平常的茉莉，就可以挽住春走，带给我们这么多满足？"释然不解。

"凡是大美，都是一种淳朴的状态，世间没有比平常更高深的境界。看这茉莉，不管花开花落，不管春走夏来，只管自己清澈地开放，便开放出喜悦，它便成为爱的源泉，要知世间所有的爱都是喜悦。多年后，即便是芒种时节百花凋残，你们也会想到今夜芒种的茉莉开放，还会记得它，也许会忘却它，但是最终会怀念它，我们又何必在乎芒种到来百花凋零？"

众僧听师父的话入了迷，大家静静地看着盛开的茉莉，想着来年依旧有花期，原来师父是借着芒种，希望大家更加平静、坚强。

释恩受到师父感化，不由得感叹："师父是把美好的东西放在我们的手上。"

师父一笑："美好的东西，放在你们的手上，也是放在我自己的手上。当我们看到百花掉落，便是一种清洗、一种静寂、一种满盈，如此这般从容心境，会多么自在啊！"

释然也被师父的话所动容："师父，我要感谢能够拜在您的门下，听您教诲，更感谢您今日给了我们这般带有香气的回忆。"

师父摇头："这带有香气的回忆，不是我给你们的，也不是世界给我们的，而是我们的心和世界的香气相映而产生的，是我们心中本来就有这香气氤氲的美好，才能够体味到美好。天色已晚，你们也该入睡了。"

师父与释恩起身，走到门口，师父再次回头，叮嘱众僧："这茉莉被摘下插在花瓶中，以生命奉献给我们美，愿汝等也能心如此花，奉献出最深处的芳香，来证明自己的存在。"

夏至一生一会

一生虽然会遇到很多个夏至，但是每一次的夏至都是仅有的一次，一旦今日过了，再不会有今年今日的夏至，和未来任何一日的夏至都有所不同。可以说，今日是以前所有日子的总成，也是以前所有悲喜结出的果实。故此，今日就是最美的花。

释然和释行几个小沙弥在竹林里捉迷藏，轮到释然藏起来，释然悄然穿梭在竹林，前面竹林深处依稀可见一人影独坐。

"是谁在竹林深处？"释然好奇，蹑手蹑脚地走过去，已然忘记了捉迷藏的事。

等到走过去，却见是师父闲坐竹林深处。一场暴雨过后，竹林里满目新绿，沁人心脾。师父面前泡了一杯茶，热气氤氲，隐约可闻清幽茶香顺风而过，若隐若现。

只见师父端起茶，也不喝，只是细细看茶色澄明，再远眺幽谷深处。师父的侧影融于幽林，与天地融为一体，又淡如清风，有一种质朴、端庄感觉。释然不觉看得呆住了。

就在释然呆住的时候，一双手拍到他的肩膀："原来师兄躲在这里不出声，让我们好找。"是小师弟释行的声音。

释然转过头，刚想叫停释行，却不想已经惊动师父，师父转头，看到两个小和尚一高一低煞是可爱，便挥手叫二人过去。

"你们二人在此多久？"师父问。

"师父，我在此已有半日，见您静坐，不敢扰乱。"释然先答。

释行年幼，天真直言："师父，您在此一个人坐着干啥，不闷吗？"

师父问二人："你们知道今天是什么日子？"

"我知道，我知道。"释行抢着说，"早上就听释果师兄念，'日北至，日长之至，日影短至，故曰夏至。至者，极也。'今日是夏至！"

师父笑着再问："然后呢？"

释行抓抓脑袋："然后，释果师兄抱怨，戒严师叔说今日夏至，'常宜轻清甜淡之物，大小麦曲，粳米为佳'，还说'冬至饺子夏至面'，一定让他今日下山买面，给大家降火开胃。释果师兄便下山买面去了。"

释然见释行唠叨一大堆，也不见问到点子上，便快言快语："师父，今日夏至，和您在此独坐有什么关系？"

师父喝一口茶，故作神秘："为师在此与夏至相会。"

"与夏至相会？"两个小沙弥心中有一百个问号，却不敢多问。

师父也不解答，只是微闭眼睛，细细品一口茶，放下杯子再闭上眼睛，不再说话。

释然、释行不知自己是否做错，不敢言语，站立一旁。

三人沉默时刻，释果从山下买面回来，见释然、释行拘谨地站在师父旁边，以为他二人做了错事被惩罚，又见师父闭眼休息，悄悄来到释然身边，问他缘由。释然把来龙去脉给释果交代了，师父已经睁开眼睛，示意三人坐下。

三人坐在石头上，释果眼睛一转，这正是自己展现学识的时候，便对两个师弟说道："都说青纱帐旁，适合读书，风动书页，智慧入脑。今日是夏至，夏到极致，自然要细心体会，闭了双目，在竹林深处听万物对话，自己也化为万物的一个部分。这个夏至就过得特别有意义了。"

释然、释行无语反驳，心中又有点不服气，师父只是含笑点头，示意释果继续说下去。释果见得到师父肯定，心中未免得意起来，口中仍然说要听师父指教。

师父接过释果的话头："释果说得没错。今日夏至，是太阳的转折点，之后它将走"回头路"，一生就此一会。夏到极致，让人感觉一种深沉的美，故而会很珍惜，更想以美和爱相托、赠予、珍惜。"

释然想师父对夏至有这么多忧思，未免过于矫情，便问："今年夏至过了，明年还会有。虽则命运无常，但也不太短暂，总会遇到很多个夏至，何以会一生一会的说法？"

　　师父再次品一口茗："一生虽然会遇到很多个夏至，但是每一次的夏至都是仅有的一次，一旦今日过了，再不会有今年今日的夏至，和未来任何一日的夏至都有所不同。这样想，心里便会很珍惜，便有一种疼惜与深刻，更不愿错失这最美好的缘分。"

　　"我们今日与这个夏至的短暂相会，前提是我们已经走过漫漫长途，相遇过无数有意义或无意义的冬至、春去，才有这一日夏至相会。那么以前的每一日，都是为今日做出的准备。可以说，今日是以前所有日子的总成，也是以前所有悲喜结出的果实。故此，今日就是最美的花。既然是最美的花，自然要伴和清茶一杯，静心体味。"师父缓缓说着。

　　"那么今日是最美的花，明日就不是最美的花？"释行不解。

　　"从夏至蔓延，要知我们在广袤时空相遇的每一日都是一生一会，才会有更深刻的珍惜。"释果这一次难得正经起来。

　　"顺着师父的意思，这个夏至要特别珍惜，那以后的每一日，也要加倍的珍惜，因为每一日都是一生一会。"释然好像理解了师父一部分意思。

　　师父见释果、释然独具慧根，连连点头："不只是每一日是一生一会，便是我们今日有缘相会的人，也是一生一会，在不可思议的缘分里面，我们更要加倍珍惜所有的一生一会。有了更深刻的珍惜和怜悯，纵使别离，也可稍减遗憾。"

　　此刻竹林传来蝉鸣，在师父的引导中，释然恍若听到了草叶拔节的声音，他静静看着风过竹林，想着半夏在沼泽初生，感到心潮汹涌，第一次感受到一种无边的清和与柔软，随着感恩的喜悦的蔓延，释然在流动的夏云、光明无限的天空、竹林疏影中，感受到了一种遍布天地的安详。

花香供心

人与花与智慧也是相通的。花香必来自于泥土、根茎、枝叶，一部分败坏也就无法发出其香。花美丽、幽香、平静，在花的动人沉默里面有美丽的智慧。感受到花开无常，世界一切何尝不是无常？因此，我们更应去追求真实和无限的智慧。

自从夏至到来后，寺院山坡上的半夏和木槿开始变得茂盛起来，释然最近常长时间凝望那些花，看它们无声辞枝，花瓣纷纷而下，只觉得在难言之美中有深沉的伤感，这些花荼蘼一场，不久就要凋谢。

这日释然又在山坡凝神看花，夏风一过，一片花瓣轻盈落地，而在枝头的花，却还在不遗余力地盛放着，俨然不知凋落的事实，更让释然觉得惆怅莫名。释然干脆摘下那朵将谢未谢的花，回到了禅院，想了想，便将花插到了师父室内的瓶中。

　　暮鼓过后，安板响起，这一日就此结束。释然正准备和众僧回房休息，却见师父拿出释然插的花问："今日我房中这花是谁放的？"

　　众僧一看，瓶中的花快要凋谢，都嬉笑起来。释行笑着说："这都是要凋谢的花，怎么插在师傅的瓶中？送花的人真笨。"

　　另一个小和尚也哈哈大笑："不能锦上添花就是添乱，这送花的人是有意添乱。"

　　听到大家议论，释然在一边面红耳赤，也只得小声回答师父："是我插的。"

　　师父示意大家坐下，几个小沙弥仍在调笑。"我要感谢释然，送了我无价之物。"

　　听到师父这么一说，释行先笑了："无价之物，我看是廉价之物才对。"

　　"若是送我一颗钻石，包含的情感不容易纯粹，贵重之物平常人不会轻易白送。但送我一抹花香，便是纯粹之物，愈加值得珍惜。"师父说道。

　　"可以送花，也不能送快凋谢的花。"另一个小和尚辩白道。

　　师父只是看着释然："释然，你送这花可有深意？"

　　释然喃喃道："我只是看到这些花快要凋谢，想到花期短暂，更应珍惜，如果花也有知，知道快凋谢还被珍爱，应该会高兴。"

　　师父点头："释然以花香赠我，便是最大最珍贵的缘分。爱花也是缘分，是天生的直觉，可见释然有良善的品格和温柔的性情。"

　　得到了师父的肯定，释然忐忑的心才放下。

　　释果在一旁看释然被师父夸奖，心里微酸："师父，我等七尺男儿，不喜花草，品格就不如释然？"

师父见状，微笑道："爱花不是智慧，是心性。花香必来自于泥土、根茎、枝叶，一部分败坏也就无法发出其香。花美丽、幽香、平静，在花的动人沉默里面有美丽的智慧。释然感受到花开无常，世界一切何尝不是无常？也因此，我们更应以有限的生命去追寻无限的智慧。"

众僧听师父言语，内心都有触动。

师父再次拿起花："这花开在山谷，被释然捡拾是一个奇迹，释然送入我房中，赠我一缕花香，是另一个奇迹。可知在人生的生与死之间，有许多美丽的奇迹，我们注视着当下的每一个缘分，也是奇迹。"

"师父能够发现这么多的奇迹，也实在是大智慧。"释恩由衷地感叹。

"每个人的心灵深处都是深奥丰富的宝藏，而智慧是最难求的事物，人生于世不仅要寻求生存的智慧，还有生存之外更多时间和空间的智慧。"

"师父说了这么多的奇迹和智慧，可是我们也无法留下，就像花开到荼蘼，也最终要凋谢，未免可惜。"释然感叹。

释然的话被正经过的戒缘师叔听到，师叔一笑："对于美好的事物，我们能够相遇就是拥有，为何一定要留下什么。起了占有心，便会为之所困，为物或情所困的人，终究不是智慧的人。"

戒缘继续会心一笑："你们师父就是智慧的人，能从即将凋谢的花中发现智慧，能欣赏素朴的事物，要有非凡的心，才能处处发现美好。你们要记着，要随时自觉和思索，寻找人性最深处的芳香，日后才会像你们师父，从心灵自然散发其香。"

听了戒缘师叔的话，释然暗暗为自己的无知惭愧，而戒缘师叔话锋一转："古语说'做学问当在不疑处有疑'，释然能有疑问，当疑问解决就是迈进一大步。"

不觉之中，月上柳梢，师父站起来："好了，夜风已起，大家各自回去休息吧。"

小暑品粥

所谓沧海一粟，人也只是一碗小粥、一粒米，体味一碗粥也就是在体味整个生命。珍惜一碗粥，就能够展开一亩福田，我们应对每一碗粥保持敏感和醒觉，对一切微细事物保持敏感醒觉，要心存感恩之心。

绿树浓荫，时至小暑，便不再有一丝凉风，风中皆带有热浪。释然在竹林中寻找野菜，山色忽暗，竹叶摇曳喧哗，知是大雨即将来临。果然不久，远处隆隆雷声响起。一场暴雨过后，青霭潮湿，院落蔓生绿苔。释然感叹："果然是'竹喧先觉雨，山暗已闻雷'。"

释然回到寺院，正好戒严师叔做了消暑粥，招呼大家去吃。释然一心想着和释行约好去竹林玩，胡乱扒拉着粥，却遭到戒严师叔当头一巴掌："吃这么快干什么？"

释然摸摸头，满嘴不服气："师叔，我和小师弟有约了。"

本以为戒严师叔会放过自己，没想到戒严师叔又给释然添一勺粥："我这粥是用荷叶、木棉花、扁豆、薏米、土茯苓熬制而成，你要专心品味。"

释然被戒严师叔缠得没办法："师叔！每年小暑你都要煮一锅消暑粥，年年一样的味道，还要怎么品味？"

戒严师叔则慢条斯理："吃饭时吃饭，睡觉时睡觉，要切记活在当下。"

释然心急和师弟约好的玩乐，正想溜走，没想到戒严师叔却继续教训他："要时刻记牢'活在当下'，当下，是对'过去'和'未来'的截断，心思保持一心一境，如此，才不会有你现在的着急、心慌、不安、散乱。你没有让自己的心安住当下，吃饭时想着玩乐，却不知要体味一碗粥的味道，日后如何明了生命苦乐？"

释果在一旁看了释然受师叔教育的整个过程，也觉得今日戒严师叔小题大做，也加入了谈话："师叔，吃饭睡觉这等小事，何必揪着不放？"

戒严师叔摇摇头："吃饭、睡觉，看起来都是日日重复的小事，要知道在小事中时刻保持一心一境，才能够得到大自在，不被痛苦所扰。不要吃饭时想着睡觉，睡觉时却想着吃饭，只想着即将到来的时刻，却忘了体味当下的美好，时日长久就会被感受欺瞒。"

释然心中还是不服："再美好，也只是一碗粥的味道。"

戒严师叔再给释然添上一勺："这碗粥的材料经过播种、成长、成熟，可以做粥，也可以酿酒，煮粥的人融入他的心意，这碗粥只有一种滋味，也有万般滋味。你不可小看一碗粥、一粒米，要知道千百粒米都是从一粒里面生出来，你要仔细尝尝。所谓沧海一粟，人也只是一碗小粥、一粒米，体味一碗粥也就是在体味整个生命。珍惜一碗粥，就能够展开一亩福田。"

释果平时与戒严师叔打闹习惯，今日听师叔这么说，不由得对师叔另眼相看："师叔，还请您进一步讲解。"

戒严师叔细细喝一口粥，慢慢咀嚼："一切事物都有其价值，即使只是一碗粥、一粒米，虽然细微，也蕴含了自然生育、繁盛、成熟、凋零的至情。"

释然听了师叔的话，心内生了愧疚："还是师叔修行时日久，我远远不及师叔万分之一。师叔，修行可有什么秘诀？"

听了释然的话，戒严师叔不由得哈哈大笑："《道德经》上说'天地不仁，以万物为刍狗'，意思是说，天地有仁心，滋生了万物，但是并没有要求得什么回报。"

此刻和风吹来，送来池塘的荷花香气，戒严师叔开始收拾碗筷，说："正像这满塘荷香毫无隐藏，修行也毫无隐藏。只要活在当下，活在苦中、活在乐中；活在劳累中、活在闲散中；活在烦恼中，也活在智慧中；活在奔波中，也活在休息间，才是最好的修行。"

明镜照初心

农历中的春天——立春、雨水、惊蛰、春分、清明、谷雨，都这般极美，田野中的雨水，泥土里面蛰伏的微妙，清明时候万物明洁。这么简单的文字就描述了宇宙的情事，这就不仅是在说春，更是一颗在自然中安身立命的心。

释然、释行二人到了师父禅房，刚下过一场雷雨，明月初上，清风送来徐徐荷香，远远传来戒缘师叔吹奏的悠扬笛声。师父正在禅房写字，似未见二人入内，正提笔写下：月如芳草远，身比夕阳高。

见师父全神贯注，释行、释然不敢打搅。释然见师父的字愈发坦率简朴，不由得由衷感叹："师父的字愈发仙风道骨。"

师父也未回应，说道："今日小暑，宜室宜家，宜细细饮茶。"师父说着，便细细啜了一口茶，满心满足。

释行这下不明白："师父，还要根据一本农历去行事，是不是太老土古板了？"

释然因上次听戒严师叔说了小暑事宜，便教导释行："今日小暑，是干支历午月的结束以及未月的起始，为第十一个节气。"

师父也不回答，只是继续翻看农历，由衷地感叹："'一候温风至，二候蟋蟀居宇，三候鹰始鸷'，确实是大智慧。"

释行则更不明白："师父，这么几句简单的记述，算什么大智慧？"

师父这才起身，让二人坐下，将农历放在一边："不可小看农历，农历是经过千百年无数人实验的结果，有天气、岁时、植物、种作变化和人的密切关联，包含了天地造化生育、繁茂、成熟、凋零的至情。并且，它还有非常美丽的部分。"

释然也不明白："美丽的部分是什么？"

"是里面一颗美丽的心。"

"美丽的心？"释然和释行异口同声问。

"是的。你看农历中的春天——立春、雨水、惊蛰、春分、清明、谷雨，都这般极美，田野中的雨水，泥土里面蛰伏的微妙，清明时候万物明洁。这么简单的文字就描述了万物的状态，这就不仅是在说春，更是一颗在自然中安身立命的心。"

释行仍然不解："那小暑，天气酷热，有什么好？"

"小暑，农作物进入苗壮成长阶段，何尝没有清朗圆满的启示？"

释行听师父对季节也有这么自然真切的感悟，觉得自己修行太浅，深感惭愧："师父，是不是我并无慧根，这么久也没有开悟，晚课听不懂师父的教诲，不适合修行？"

听释行这么一问，师父明了了他们二人来的目的："记得有一个故事提到四种马，大意是马分为最上等的马、次等的马、下等的马、最下等的马。最上等的马看到鞭影便知主人要它跑得快或者跑得慢。次等的马跑得也快，但要等马鞭接触到皮肤才知道主人的心思。下等的马要等感觉皮肉痛才会跑。最下等的马一定要痛入骨髓才会听话。每个人都想成为最上等的马，如果你以为修行也是为了让我们成为上等马，那便是谬之千里。其实，在自身的不完美中，会为你坚定的上进之心找到基础。"

释然听师父这么说，想到晚课时候师父讲到"明镜亦非台"，深受启发："晚课时候师父讲到明镜，我们照镜子的时候，会看到自己的优点和缺点，但是又不会感受到一丝赞美或者责难。是不是身当如明镜，观照茫茫万物。无时空分离，无善恶对立，这就是一种大境界？"

师父点头赞许："对，一颗初心，一颗未被侵浊的心，复归本性，才能忠于自己、同情众生，如实看待万物本然面貌，才能觉察宇宙，在闪念中证悟万物的原初本性。万物有序，四时行焉。感知季节变化，顺应自然，与花开果落协调一致，都需要倚仗真实本性和在自然中谦卑的心情才能感知，归结起来是需要一颗初心。"

晚钟响起，外面又稀疏下起阵雨，师父起身送二人出门："凡来凡往，要知道每一件平常事物皆有机缘，当然'纸上得来终觉浅，绝知此事要躬行'，真正要领悟大境界，还需要自己的悟性和践行，无可替代。"

牧笛落野村，故里草木深，此刻，释然和释行走在微雨中，衣袍湿透，但心情舒畅安然。

觉性大美

如果感受一切并不够顺心，不要先埋怨天气、世界，先看看自己的心。人心无形、感受无形，皆不可见，美好愉悦的心便可感受光明，烦躁的心只能感受烦躁。

天气实在太热，真是大暑晒开石头，释然一下午都心神不宁、烦躁不安。就在释然烦躁不安的时候，戒严师叔走进了禅房："释然，今日随我到路口煮茶。"

"煮茶？"释然烦躁地挥动双手，没好气地说，"天气这么热，还去路口晒太阳。"

"当然，大暑，热气犹大，天气甚烈于小暑，宜饮伏茶。你随我到路口凉亭煮茶，免费供来往路人喝。"戒严师叔一本正经地说。

"伏茶是什么？"释然知道戒严师叔一向对饮食有研究，好奇地问。

"便是三伏天喝的茶，由金银花、夏枯草、甘草等多味中草药煮成，有清凉祛暑作用。我们且到路口煮茶供予路人，能在山林对着满山葱郁喝上一口清茶，真是难得。"天气太热，戒严推开窗，隐隐闻见蔷薇飘香，看到山亭间古树参天，"真是'绿树荫浓夏日长'。"

释然可没心思听师叔谈论诗情画意："师叔，天热得难受，我不想去路口晒太阳。"

"其实热的盛夏和万物生长的盛夏都是同一个盛夏，保持明净的心灵，心净一切净，心静自然凉，你且随我去。"戒严师叔也不管释然愿不愿意，不由分说，拉了他便走。

戒严师叔带着释然在路口摆开水壶、茶具，很快缕缕茶香便隐隐而出。

"师叔，你怎么把自己珍藏的好茶拿了出来免费供给路人？"闻到茶香，释然问师叔。

戒严师叔一边倒茶，一边回："好的给别人，老的给自己喝。"释然心中突然有了莫言的感动，师叔是把美好的留给别人，这分明是一颗大慈悲的心。

师叔让释然也喝一口茶，看那茶热气滚滚，释然满心拒绝："天气这么热，还喝这么烫的茶。"

"越是天热，越是要饮热茶。你看热气炎炎，再对比杯中新绿青翠，动静皆有，凉热兼容，不是非常别致？"戒严师叔也不介怀释然的态度，恭敬地将茶供给路人。

路口陆续过去数人，有人在凉亭稍事休歇，喝一口清茶，对戒严师叔和释然面有和悦，点头致谢。释然先是不屑，但见多人挥一把汗，欢喜而去，也因方便了别人而生出欢喜，但是仍然酷暑难耐，不由对师叔抱怨："这个天气实在热得难受。"

"你感觉酷暑难耐，而我却因酷暑给路人送去一缕茶香而欣喜。再者，大暑农作物生长最快，这是个好时节。"戒严师叔递给释然一杯茶："你且喝一杯"。

释然接过茶水，恰好一个路人也来此讨茶，两人无言对饮，相视一笑，释然心中顿觉天地宽阔。

"如果感受一切并不够顺心，不要先埋怨天气、世界，先看看自己的心。"戒严师叔以手指心，"人心无形、感受无形，皆不可见，美好愉悦的心便可感受光明，烦躁的心只能感受烦躁。"

释然为师叔的话所动，静音凝听。

"你看茶叶，经过热水滚烫，三起三落，然后才有味道。生活何尝不是如此，大暑大寒，皆是重要过程，缺一不可。大暑时节，万物繁盛，这个世界并没有一个地方可以让人逃避生之恸，最好的办法就是不避寒热，自然寒热也奈你无何。世人感受到热，感受到茶香，感受到爽意，都是愉悦。"戒严师叔自己端上一杯茶，看着眼前无尽绿林。"在山间饮茶，你要想自己和茶、和山林都是宇宙大河流中的一叶，忘记自我，心胸中只剩下山野和茶香。"

听师叔说话，释然再次端起一杯茶，只觉得茶气与四周山野融为一体，疏如流云，盛夏炎热似乎消散，心中升起一股清朗之气，连那股莫名的热气也似乎开始消散。

戒严师叔似乎知道释然此刻的感受，再给他添一点茶水："天热时候你想凉爽，寒冷时候你又觉得温暖更好，高兴时候觉得一切皆在欢唱，烦心时候一切皆没有味道，如此忘记了世界和自己的清明，如此蹉跎生命实在可惜。要知道，这个世界广大恒久，浑厚博大反映着众生，我们当在这种极大的风格中静观，澄明内心。"

随师叔上山回寺的路上，释然只觉身如云水轻松，心清明自由。

大暑大乐

生命里，不能缺乏游戏，我们讲究自在，也是指要有一颗自在空灵之心，一些放松的、从容的、无所谓的时光和心情，也是生命里的一个重要部分。

释然躺在竹林吊床上，看释行在水里玩得正欢，大暑时节，天气实在太热，实在不想起来，干脆想个借口，下午不去念经。释然暗自揣度着。

"该想个什么理由逃课？"释然翻一个身，仍然没想出好的主意。

正在犹豫不决之时，竹林深处突然传来阵阵呼噜声。"是谁在竹林里面？"释然自问，忙喝住了正在疯玩的释行，带上释行一步一步向竹林深处走去……

寻着声音传来的方向，释然走到了印月潭边，这一看，释然心里欣喜若狂："好啊，原来戒严师叔不去念经，在此偷睡。法不责众，再则，师叔也偷懒，师父再要责罚也得先罚师叔。"

释然忙推推释行："释行，你可看好了，戒严师叔不去念经，在此酣睡。今日午后我们也可痛快玩耍。倘若师父问起为何偷懒，就说我们看戒严师叔在林中熟睡，怕师叔有什么意外，特意看护着师叔。你可记好了我说的话？"听了释然的话，释行懵懂地点点头，这么热的天气，能让自己开心地在水中玩耍，说什么都好。

释然带着释行，在水里玩了个痛快，日暮时分才上岸踏上回寺的小路。

等待回到寺庙，众僧已经在准备吃晚斋，为不引人注意，释然带着释行悄然坐在角落，想浑水摸鱼。却不想释然偶一抬头，发现师父正满眼笑意地看着他，对他点点头。

晚斋过后，众僧皆去晚殿课诵，释然也自觉，拉上释行，主动敲开师父禅房。

师父正在修习经文，见是二人，点头示意他们坐下。

释然哪里敢坐，一慌乱，连和释行"串通"好的证言也忘记了，一股脑儿吐出了真相："师父，是我的错，今天下午天气太热，才带着释行在水中玩耍，不去念经。请师父责罚。"

释然说完，低头不敢看师父，想着师父常常教导大家要勤学善问，自己作为师兄不给师弟做一个好榜样，定然会遭受严厉的责罚。

"好。"师父点点头，吐出一个字。

释然以为自己听错了，偷看师父一眼，师父仍然是满眼笑意，再说一声："好，坐。"

释然全然不知师父葫芦里卖的什么药，拉着释行小心翼翼地坐下。正在懵懂间，戒严师叔大步踏进了师父的禅房："师哥，可有解渴的水果，给我端来一二，与我好好解渴。晌午在林中酣睡，错过了晚斋，这时候渴得厉害。"

师父也不责罚三人，只是端出一盘荔枝让他三人吃，还问了戒严师叔许多旁的事情。

看到师父并不责罚，释然才松了一口气，但心里又有一百个疑问待解：为何戒严师父这样偷懒还敢明目张胆？师父今日怎么又不怪罪我教坏师弟？

师父心知肚明，反而轻轻问释然："释然，可记得师父以前教你读李白的《夏日山中》？"

"师父，我记得。"释行抢先答道，"懒摇白羽扇，裸袒青林中。脱巾挂石壁，露顶洒松风。"

"唯有李白才能把盛夏时节取凉写得这么狂放恣意。"戒严师叔由衷地感叹。

释然仍不知师父的初衷，也不敢多问，待师父教导。

师父呷一口荔枝："前人说过，'生命里，不能缺乏游戏'，我们讲究自在，也是指要有一颗自在空灵之心，一些放松的、从容的、无所谓的时光和心情，也是生命里的一个重要部分。"

释然有点丈二和尚摸不着头脑："师父是鼓励我们偷懒，鼓励我们不读经文？"

戒严师叔吞下一颗荔枝，大大咧咧地告诉释然："很多人爱说以游戏的心态活着，就是活得自由自在，毫无拘束，那种心境就是不被外在的教条、规范所牵绊，才能让心无牵无挂，收放自如，得大自在。"

释然这下可不明白了："师叔，如果要游戏，为何又要生出这么多规则要求？"

"这就是为师现在要教导你们的。"师父一笑，此刻窗外朗月当空，竹林深处吹来一缕凉风，消减了大暑的热气："修行也罢，人生也罢，皆要做到出入自在不为所缚。明明大暑炎热难耐，不愿意去苦苦背诵经文，何必要让自己行着得不偿失的事？"释然听得目瞪口呆，为师父今日的言谈所震惊。

师父继续道来："人生来就是自由灵动的。我又怎能不要你们追随本性，尽情游戏？倘若我一定要违背自然，要求你们违背本性去强读经文，那可不罪大莫及？"

戒严师叔很快就把一盘荔枝吃完，满足地抹抹嘴唇："你们要记得，任何一个真正快乐的世界都不会禁止我们游戏，该放松的时候尽情放松，不要有负担。"

虽然对师父和师叔的话一知半解，不过释然大意还是明白了："那就是师父不会责罚我们？"

师父哈哈一笑："何止不责罚你们，明日我给众僧皆放空一天，让他们尽情去消暑玩乐！"

秋

立秋月无边

一叶知秋

秋来是秋

处暑欢喜一日

白露品秋茶

秋始白露

但去静坐

秋分行中道

寒露破樊笼

无边智慧

霜降的微笑

季节的游戏

立秋月无边

　　春有春的繁盛，秋有秋的谦逊。立秋是古人对季节的划分与总结，区别凉热，指示规律。年年立秋，不也是年年在提醒我们，万物有序，一切都在更大的掌握之中？

　　孟秋时节开始，暑气减消，梧桐叶落。

　　释然想着师父早就教导要顺时而为，秋日应看些与秋相关的闲书，听一些闲音。近日闲听穆祥来先生的《深秋叙》，翻阅欧阳修之《秋声赋》，眼看白露生、寒蝉鸣、黄花满地，春去杳无痕迹，想到人世无常，更感觉扑面而来阵阵躲不开的愁绪。每每想到原来春日花事繁盛，到秋日就草木摇落，加上秋困袭来，更不想诵经读文，只是无事哀叹。

　　"自古文人多悲秋"，释然想自己这般惆怅，师父一定是极懂得自己的。可七月以来，师父却在种植的兰花身上花费较多功夫，似乎全然忘却了季节的变迁，更不提似有"古村落日残霞，轻烟老树寒鸦"的清秋寂寥愁绪。

释然这下懵了，师父为何还是谈笑风生，不知秋来黄花飘落，春去无痕呢？

立秋这一日，戒严师叔带领众僧前去晒秋，释然有意拉了释行，在师父必经的禅房里打坐。

"释行，秋天说来就来，眼看昨日仿佛还在看初染鹅黄的嫩柳，看柳条上挂无数细珠，却不想今日都是秋天了。真是'良辰美景奈何天'！"释然想着师父要经过禅房，特意和释行唠嗑起来。

释行尚在懵懂，哪里知其中深意，只是说："师兄，秋天来了，不是就可收获粮食，有白面吃。哪里不好？"

"真是个呆瓜。"释然听得门外传来脚本声，知是师父路过禅房，便用手指节在释行头上敲打两下，教训起释行来，"春天繁花似锦，到秋天说没有就没有了，一场花事荼蘼，还不悲凉？可想天地万物都逃不出荣枯、盛衰、生灭，还不让人叹之、怜之、惜之？"释然说完，再一次摇头晃脑，惋惜不已。

释行才被敲打，又无师父庇护，更不敢忤逆师兄的意思，正想着师兄说得怪无趣，还不如随戒严师叔去晒秋更有乐趣，心中也是懊恼不已。

两人正在各怀心事的时候，门外传来师父爽朗的笑声："自古逢秋悲寂寥，我言秋日胜春朝。释然只看到秋天萧条寂寥、死气沉沉，但没有看到秋日晴空，云鹤直上，矫健凌厉大展宏图。你们可记得师父经常教导你们一切都不可执着？只有一切都不执着，每一天才能是全新的一天，每一念才能是全新的一念。"

释然心明师父所言之意，但却有自己不解之处："师父，想到春日鲜花似海，到秋来一切湮灭，来年就是有花，也不是原来的花。仿若河流，带走一切。更仿若我们自己犹若飞花落叶，转眼成泥，如何不让人感怀？"

师父招呼释然、释行出来，叫他二人去看他养的兰花："我们对于季节执着，对于身体执着，只因我们的心在执着，一颗执着之心往往让人失去明察。春花也好，肉身也好，过去已经坏灭，现在在坏灭之中，将来也必会坏灭。我们只有如春花把肉身交诸天地，春去秋来，春华秋实，留存的就是真实的自我。"三人说着就到了师父的禅房，师父前些日子悉心照料，到立秋这日，兰花竟然开出12朵新花，花片晶莹澄澈，香味醇正悠悠。师父摘一朵将其投入水中，花瓣竟然与水相融，不辨花色。师父继续教导释然二人："文人喜叹春花凋落，却不看根深埋土中的根本，不看春花后秋实，年年皆是如此，不动不摇。也就是世界在飞花落叶中延续。我们学习长进，也是要善观根本。再者春花过后，秋日同样也有花，虽不及春花繁盛，但仍映照凉风有序、秋月无边。"

听了师父的话，释然仍有疑惑："何以自古文人皆爱悲秋？难道都不豁达？"

师父将兰花搬入室内："春有春的繁盛，秋有秋的谦逊。立秋是古人对季节的划分与总结，区别凉热，指示规律。年年立秋，不也是年年在提醒我们，万物有序，一切都在更大的掌握之中？岂是渺小的人所能悲叹的呢？"

听了师父的话，释然恍然大悟，可叹中华文化源远流长，仅仅"立秋"二字就有无限深意，简练至极！

一叶知秋

（立秋后）虽看似和往日不同，但是静心仔细感悟，便知仍有变化。东南方吹来的风现在逐渐转北，早晚气候会逐渐寒凉，清晨旭日和黄昏落霞也与春日大不相同。而夏日明亮天空，则逐渐更见明朗，更加风轻云淡。

今日立秋，寺庙里来了很多香客烧香祈福，祈祷五谷丰登。释行年纪最小，是个人来疯，见到来这么多人，开心得不得了，打坐念经也格外有模有样。可惜到底是孩子，新鲜劲一过，释行就觉得了然无趣，眼睛左右看，想偷摸着溜出去。

见释行在那里坐如针毡，释然知他无趣，趁着人多事杂无人注意他们，扯着释行的衣角把他拉了出来。虽是立秋时节，但是天气仍然炎热，二人又约了几个小沙弥，在水里痛快玩了一天，这才摸黑回到寺院。

回去的时候，见院子里晾了不少的瓜果，几个师兄还在陆续搬来，释然悄悄问释果师兄这是何故。释果一边放瓜一边说："听师父说立秋食瓜，可免腹泻，消除暑气，所以我们把瓜放在院子里面晾一晚，明日给香客吃。"

释然一听，顿觉趣味全无："就吃几口瓜，就可消除暑气免除腹泻包治百病？师兄，你们继续，没我的事，我先回去吃点晚饭，可饿了一下午。"

释然正要溜走，背后响起师父洪钟一样的声音："释然，跟我来。"师父的声音里有往日没有的严肃，释然不禁觉得头皮一紧，乖乖转身拉着释行，跟在师父后面。

师父径直走到禁闭房，释然释行刚跨进去，师父就叫二人跪下："释然，你可知你做错了什么？"

释然诺诺："师父，我不该带着师弟出去玩，不该不帮着师兄们做事，不该偷懒……"

见释然忙不迭地认错，师父喝住："你真不知道自己错在哪里？"

释然："不该偷懒，不该贪玩，不该不听话旷工……"

师父叹息一声："师父不是责罚你们天性爱玩，而是惋惜你们不了解季节。"

释然心中一百个疑问："季节究竟有多重要？"但是看师父的脸色便一句也不敢问出口。

师父叹息一声："释然，今日立秋，你们对立秋可有什么感受？"

释行年幼，说话稚幼："立秋，就是秋天立起来了。"

释然不敢乱言，只是低头听着师父教诲。

"要说起来，秋天实在是极美的季节，古人用二十四节气来总结季节，就说秋天，从立秋开始，到处暑、白露、秋分、寒露、霜降……每个节气名字都至美至性。而且秋天禾苗成熟，别有一番清朗圆满的启示。问你们立秋感受，就是想问你们可对季节变化有所体会。"师父语气开始放缓。

说到季节变化的体会，这虽是立秋，但是似乎仍然和往日一样炎热，释然没有半点体会，也不能答话，释行年幼，更不知道从何说起。二人都默语听着师父说。

师父见他二人不回答，知他们对立秋没有感受："虽看似和往日不同，但是静心仔细感悟，便知仍有变化。东南方吹来的风现在逐渐转北，早晚气候会逐渐寒凉，清晨旭日和黄昏落霞也与春日大不相同。而夏日明亮天空，则逐渐更见明朗，更加风轻云淡。"虽是立秋，但是气候还是炎热，师父轻摇折扇，陷入了回忆："记得在我小的时候，春天遍野鲜花，处处是春的气息，更听着'春江水暖鸭先知'长大；夏天有老者摇一把团扇，挥扇消暑；蟹儿黄了便知秋天已到，在秋天更能听雨声、砧声、雁声；东北季风来之前，渔人会最后一次出海捕鱼。可是现在人对季节的感应已经逐渐消减。"

释然却别有一番心思，自己平日那么机灵，今日师父讲的话，却一句也接不上，不过他仍有疑惑："对季节那般感受敏锐，有什么作用？"

师父也知释然年纪尚轻，也不多责怪他们二人，叫他们坐下，可巧大师兄释恩从外面给师父抱来了一个大西瓜，师父便招呼他们三人一起吃起来。清甜的西瓜吃在嘴里，释然的心情也放松多了，也敢向师父提问了："师父，立秋吃几口瓜果，为什么要这么慎重？"

师父方才也才说到一半，见释然这么问，自然继续告知他们三人："中国古人历来关心季节风云变幻、花木繁生，而现在工业发展快速，人们每日生活中都会不断有新的发现，夏日炎炎有空调，冬日飞雪有暖气，暖房里面一年四季皆有玫瑰，物质水平不断提高，人反而对大自然的感受日渐迟钝，尚不如一株花草。花草尚知应季而开花结果凋谢，可叹大多现代人却对花开花落鲜有感受，不会珍惜冬日暖阳的可贵，也不会凝听夏日庭院知了的幽鸣，更不会知道夏日一缕凉风的快意。更不说体验古人那种'绿蚁新醅酒，红泥小火炉。晚来天欲雪，能饮一杯无'的情致。有了上述全部，自然不要说尊重季节，顺应自然了。"

释恩听后，也点头认同："现代人在生活方式、思想习惯、居住环境、社会结构等多个方面和古人都大有不同，时间观念只有日历或者钟表，对季节感受只有平面的，而非古人那么立体，再无人去管季节更迭，更不能从容解读'一叶落知天下秋'的悠然自在。"

师父连连点头："纵使往昔时光不再，人也不应失去古人那种在自然季节轮回中安身立命的心情。不论人如何自信自高，也终要在自然中保持一颗谦卑的心。感知秋天，和落叶飞花同呼吸。"

师父站起来，天色已晚，月朗风清："你们也该回去了，明日还有很多事，早点休息。"

秋来是秋

环顾四周，映月潭边有红蜻蜓飞翔，师父的琴台上，一朵雏菊，几枝秋英，天上偶有鸿鹄飞掠，秋意无声。

真是一场秋风一场寒，处暑一到，气温从炎热逐渐向寒冷过渡，大师兄也开始叮嘱大家要记得添上秋衣。傍晚刚过，天气薄凉，释然早早就蜷缩在被窝里面准备早点去见周公。而旁边的释行因为疯玩一个下午，已经早早进入梦乡了。

正在半梦半醒间，却仿佛听到有人弹拨古琴，琴声细微悠长，犹如人在耳畔细语。"想必一定是师父在弹琴，"释然躺在床上凝神静听，不由得感叹，古琴果然是一器具三籁。听了半宿，正想入睡，但是转念一想，师父今日这么好的兴致，我也前往观摩一二，说不定能获得不少启示。这么一想，释然正欲推醒释行，转身一看，释行不知什么时候已经醒来，睁着两只圆溜溜的眼睛也在凝听缥缈而来的古琴。

既然释行已经醒来，那便更好办，便让释行加衣，一同寻着琴声而去。

走到竹林深处，映月潭边，遥遥看到果然是师父在幽篁里弹琴，又看到戒严师叔也来到潭边："今日处暑，'处，去也，暑气至此而止矣。'每逢处暑，民间有'一候鹰乃祭鸟，二候天地始肃，三候禾乃登'的说法，师兄莫不是在此弹琴恭候新的节气？"

释然二人此时也走到近处，却见青石板上早被师父铺了垫子，供人休息，二人便坐下，听师父和戒严师叔闲聊。

师父向释然二人点点头，顺着戒严师叔的话说："处暑来，天地始肃，苏洞有'处暑无三日，新凉直万金。白头更世事，青草印禅心'，我不过是在此听暑气渐枯，蝉声落幕，兴起而随意弹奏罢了。"

"师父，就你随口说的这两句诗，就可见师父是超圣不凡了。"释然想着拍拍师父的马屁能捞点表扬，师父高兴了正好再对自己点拨一二。却不想立马被戒严师叔喝住了："傻小子，我们自古说的是'超圣入凡'，'超圣不凡'便'高处不胜寒了'。"

被戒严师叔一句喝住，释然一阵害臊。旁边释行虽然听不懂他们在说什么，不过也知道师兄又在卖弄假聪明，嗤嗤地笑了起来。

师父并不责怪释然，分别递给释然、释行一个梨，香甜的梨入口，释然也不在乎自己说错了话，开心起来。再环顾四周，映月潭边有红蜻蜓飞翔，师父的琴台上，一朵雏菊，几枝秋英，天上偶有鸿鹄飞掠，秋意无声，感觉师父一言一行都有韵味。

戒严师叔知道方才过于严厉，转而对释然说："原来有句话说'三十年前未参禅时，见山是山，见水是水。及至后来，亲见知识，有个入处，见山不是山，见水不是水。而今得个休歇处，依前见山只是山，见水只是水'。这便是一颗明明白白的'平常心'。也只有一颗平常心，才能淡然面对并且超越一切苦难、委屈。释然也觉得委屈："我看师父在这里弹琴，又有蛐蛐和纺织娘浅唱低吟，还有头上一弯上弦月，以为师父的品位不凡，才会那样由衷地说。"

师父听到释然的话，哈哈一笑："哪有什么超凡脱俗。如果硬要追求超凡脱俗，那只是因为人在执着，执着地认为有一个高地和凡俗之差。而我看来，一切万物应本然真实地存在，相互无碍，没有高低，没有贵贱，万物因此而平等，万物也因此而独立。今日处暑，《群芳谱》中有说'阴气渐长，暑将伏而潜处也'，今日虽是一个暑寒过渡时期，从今日起，秋意会更深浸入每一寸土地，但是也只是一个平常时日，我不过是自觉融于自然，顺应季节。"师父看着释然和释恩，"你们要记得，要把自己自觉融于生活和自然，成为一个真正自由的人，与天地万物和谐共存，相容不碍，平等兼容。"

"原来如此"，听师父这么说来，释然恍然大悟。自己日日想追求最高境界，却忘记了修行是生活的，不是寻求生死解脱，更不是寻求高于他人，而是让人在现世中安顿身心，让人在滚滚红尘的十字路口可以宁静，也可以让人心开阔而安守本性，也让人不被世间万物迷惑。

　　师父点亮了烛火。此刻，秋虫唧唧，灯火正黄昏，月色柔波处，师父一首清曲填补静夜空白，一颗粗朴的心变得宁静。想到今夜收获颇丰，释然不自觉笑起来……

处暑欢喜一日

今日正是暑和寒的分界，但是这个季节也并没有任何目的。从这个季节想到一朵自在开放的花，开的时候饱满浓烈，落的时候有放下一切的镇静。

晚饭后，释然悄悄拉住释行："师弟，今天跟我走。"

释行不解："今晚有什么好事？"

"嘿，你是我的小师弟，有好事我当然会找你。"释然一个坏笑，"今日是处暑，以往每逢节气，师父都会有一些特别的指示，我们不如先发制人，还会得到师父表扬。"

一听有好事，释行也跟着乐呵，却不知释然自有小算盘："今日主动出击，最好得到师父表扬。要是弄巧成拙，看在释行年幼，师父也一定不会责怪。"

二人的谈话恰好被释果师兄听到，释果脑袋一转："你们二人，要去哪里？"见被师兄逮到，二人好不尴尬，释果话锋一转："今日处暑，要不我们一起去向师父请教一二？"

释果的话正中二人下怀，忙不迭地点头。三人走到师父禅房，见师父并不在，却见远远山上万籁俱寂处，似乎是师父的身影。

师父站在山顶做什么？

三人向山顶走去，一边走一边揣测。

释然说："师父不会做没有意义的事，他一定是在感叹时光易逝，岁月难求。"

"不对不对，师父也许在想参禅悟道之事，不然不会一个人站在那里。"释行揣测着。

"你们都错了，每日寺院杂事缠身，特别你们几个让师父特别烦，师父一个人在那里也许只是想静一静，想想怎么更好地管理寺院。"释果自持自己比释然他们年长，有意卖弄自己见多识广。

释然三人开始争论，谁也说服不了谁，三人一致同意前去问问师父。

三人来到师父面前，释然先问："师父，您今日站在这里，恰逢处暑，是不是在感叹季节轮转，时光不留？"

师父说："没有，没有。"

释行又问："那师父是不是在寂静处想怎么参禅悟道？"

师父再次回答："没有没有。"

"那么，"释果得意扬扬地问，"师父一定是在思考怎么更好地管理寺院？"

师父一笑："你们都说错了，只是因为现在是处暑时分，太阳正运行到狮子座的轩辕十四星旁，北斗七星弯弯的斗柄指向'申'，我只是面向西南，看看北斗七星而已。"

"啊！"听到师父这么回答，三人都觉得若有所失，"师父经常教导我们要珍惜光阴，怎么今日也这么闲起来，无所事事？"释然不甘心地问。

听了释然的提问，师父略一沉默，反倒问释然三人："你们说春天、夏天、秋天、冬天，可有什么目的？"

听了师父的问题，三人面面相觑，不明所以。

师父再问："一年二十四个节气，季节流转，可有什么目的？"

三人不知师父葫芦里卖的什么药，皆不敢回答。

师父面向西南，又看了一会儿天上的星星，才说："我们生活在转动的世界里，习惯于向外追求，总是想着一切都是有所目的、有所企图的，总想着每一件都要有一个明确的意义和目的。然而，当我们渴望每件事都有目的的时候，我们就存在执着，无法得到自在。"

师父略一停顿，继续解释，"今日恰逢处暑，暑气至此而止。看到自然变迁，夏日炎炎，灼热尽兴，秋来叶落得到自在。今日正是暑和寒的分界，但是这个季节也并没有任何目的。从这个季节，为师想到一朵自在开放的花，开的时候饱满浓烈，落的时候有放下一切的镇静。我在此看星，也只是感受季节就这样经过的那份从容自在。与季节一样，真正的修行没有企图，更不是为着渴望就能得到，是一种纯粹地活在当下的精神。"

释行懵懂，听师父教导了半天，仍不明白，问师父："那师父，处暑季节就这样过去了？"

师父捏了捏释行的鼻子："是的，处暑就这样过去了。"

释行抬头，看着师父："师父，处暑过去了，你为什么要捏我鼻子？"

师父听到释行童言，哈哈一笑，释行更不解："师父，你为什么要笑？"

师父笑得更加开怀："方才想看星星便看，想捏你鼻子便捏，此刻想笑就笑。"

此刻释然三人已是丈二和尚摸不着头脑，要不是知道师父修为深厚，别的人一定认为师父神志不清。师父这时也笑过了，便命三人赶紧回去休息。

一路上，三人都不解师父的意思，正在谈说间，后面传来了戒严师叔的声音："你们没有师父的痛快淋漓，自然不会理解他想笑就笑。"

听到师叔的声音，三人都围上去，一定要师叔告知一二。

戒严师叔道："你们师父有高洁明净的心灵世界，更有开悟后的自由自在，自然表现得不拘一格。你们师父兴许从处暑看到了自然大地荣枯有度的动人本质，也体会了心灵要向季节变换一样自然无为，一言一行自然都是从内心流露，有一种超然于物外的气概，你们只看到师父的嬉笑轻松，却很难透过轻松看到他的清朗血肉。"

　　"原来如此。"听了师叔一席话，释然不禁由衷地感叹，"师叔与师父真正是心与心相映照。"

　　正在感叹中，背后传来师父爽朗的笑声："戒严师弟，寥寥天地，有你识我！"

白露品秋茶

茶园一侧几棵苍郁古树为云雾和光阴洗涤，自有一种淡定神韵，在另一边，云海涌动，远远传来古刹钟声，随风进入内心，有如听到莲花开放的声音。白露为霜，已经是秋天了。

"阴气渐重，凝而为露，故名白露。"早早地，师父边揭掉一页日历，一边自语，"今日白露，按惯例，白云禅师云游四海，今日总是要来的。"

开静过后，师父便叫上释然、释行一道上山前往茶园，此刻阵阵秋风拂面，和师父行走在幽静的茶园中，青涩的茶香、霜露甘洌的味道夹杂着秋风，别有脱俗的清韵。下午可以不去参禅诵经，释然心中满是欢喜，释行自然更是活泼。

上山的路走了许久，释然不由得向师父埋怨："为了喝一杯茶，上这么高的山，可把人给累坏了。"

师父健步走在前面，对释然二人打趣说："我们历来说'成仙'，只有心灵境界不断向上的人才能成仙。而心不断下行去往山谷的人，则只能成为'俗人'，所以会友自然要向山上行。"

到了茶园，竹筛上铺有新近摘下的茶叶，在秋阳下晾晒着。师父将茶具一一摆好，待白云禅师到来。

释然环顾四周，茶园一侧几棵苍郁古树为云雾和光阴洗涤，自有一种淡定神韵，在另一边，云海涌动，远远传来古刹钟声，随风进入内心，有如听到莲花开放的声音。再一想，白露为霜，已经是秋天了。

"你们看，这里更觉白露的清寒，而要想看到更远的风景，自然要登高承担旅途劳累，承担高处清冷和第一波来的白露。但是你们自会收获钟声白云，山蝉秋阴。"师父携释然二人在山顶一侧，看着山下。

三人正沉默中，听到一阵平缓脚步："今日，我又给你带了白露茶。"白云禅师走到三人面前。

"去年的还没喝完，我用陶罐装好，今日特意带了上来。"师父应道，再对三人说，"去年你赠我白露茶，我特意将其放在陶瓷，外面还写上'白云白露茶'，喝的时候就会想起这就是白云禅师赠我的茶。不想今年你又给我带来了。"

"来，先品品这新摘的白露茶。"白云禅师拈上一撮，将其放入晶莹剔透的玻璃壶中，再冲入刚烧好的白开水，茶雾氤氲间，寥寥可见清鲜澄绿的嫩芽竖立杯底。白云禅师将茶斟给三人，这才坐下。

师父抿上一口，茶味润滑间，不由连连称好："好茶好茶。固然茶文化丰厚精深，不同季节不同况味，或清淡，或醇香，或苦涩，然好喝还属秋白露之茶。待到白露一过，秋意渐浓，茶树历经春夏，逐渐成熟，到秋便有更加浓郁之香醇。"

白云禅师招呼释然、释行："来，你们两个也来专心品品这茶。"

释然却有些踌躇："白云禅师带的自然是好茶，我也不懂茶，恐怕糟蹋了珍贵之物。"

"不妨事，不妨事"，白云禅师连连摆手，"茶关乎生命、人生、心灵，茶道的重要境界就是要和人分享，茶圣陆羽朋友很多，几乎每日都和朋友喝茶。再好的茶，无人分享，有什么意义？你们细细品品，看能不能品出内蕴的茶心。"

"茶还有心？"释然和释行都不理解，异口同声地问出。

白云禅师一笑："以前喝茶，更看重茶的产区品质，看重用什么方式泡茶。后来不断喝茶，不断体味到生命的境界，逐渐明晰，要有内在的大修为，才能品出茶心，也就是我们所言的'觉悟'，用心去看见。"

"一杯茶还要用心去看？"释然觉得白云禅师是在故弄玄虚。

白云禅师倒也不介意，爽朗一笑："那是，这茶白日吸收太阳的生机和力量，夜晚吸收月光的清冽温柔，再吸收白露的清冷，喝了这杯茶，确是独一无二的。你这辈子再也喝不到第二杯一模一样的茶了。"

师父也笑，知道释然二人不懂，便对二人道："要知道，五千年来，华夏文明永远不会少去茶道这一部分。茶是一种沟通天地的生命，它合着节气生长，不同季节的茶烹饮方式皆不一样。秋茶叶叶含白露，不涩不苦，香气更佳，有'春水秋香'之说。在唐代以前，茶农只采春茶，秋茶一直隐然于历史之间，但从许浑诗里'秋茶垂露细，寒菊带霜甘'，可以窥见晚唐已有喝秋茶的习惯。到宋代陆游'园丁种冬菜，邻女卖秋茶'、'邻父筑场收早稼，溪姑负笼卖秋茶'，可见喝秋茶的习惯已经深入民间，这便是我们眼前这一盏白露茶的来源。而一片茶叶、一株茶树，乃至白露秋风，都是无言的，但是随着人的灵思流转，就会有炫目的光彩。你们如若全身心投入到这一盏茶中，就可以进入'茶的境界'，品白露茶，品的就是它的自由和清冽。"

"妙！妙！"听了师父的解读，白云禅师连连称妙。

听了师父的话，释然再低头撮一口清茶，仿佛这茶香是前所未有的。在茶香里，他似乎看到一个古老、优雅、安静的国度，浮光掠影中，传来轻浅的歌声，一声一声从心尖踩过。释然陡然明白了白露茶的心情……

秋始白露

为人要有谦和的态度，有了谦和的态度，才有更清明的胸怀。而谦和的态度需要有一颗自由的心、自觉的意识。往往在谦退之处，才能看到另一个新的意念展开出一片新的境界。

时令是最为守信的，处暑一过，紧接着就是白露。淡淡秋风起，自有一种千年的诗意。再一阵秋风吹拂，秋意更浓。白露，是一道清凉藩篱，将夏秋彻底分割。

气候明显变化，释然看着窗外天宇一碧，万籁俱寂，一轮孤月挂在天空中，感受到良夜寂寥，迢迢未央，也觉得无法入睡。

索性起来走走，看这样的良夜会遇到什么境况。走出禅房，秋风一紧，吹在身上，每一寸肌肤都能感受到秋的悠然静谧。突然间，隐隐听到琴声，听之更让人感觉月净秋寂，似乎天地寰宇、过去、现在、未来都和月色融化。

在万古无边的琴音里，释然寻着音韵前去，遥遥看到是师父在月下弹奏《秋月照茅亭》。释然就这么听着，不敢前去打搅。再一看，不远处还有一个身影，原来是爱睡觉的释界师兄也为师父的琴音所吸引而来。

那边释界也看到了释然，走过来拍拍释然的脑袋："大晚上不睡觉，定是出来偷吃东西。"

释然麻利地拍回去："爱睡觉的释界师兄也不睡觉，一定是你想偷吃，才看到所有人都想偷吃。"

释界欣赏地看看释然："我随戒严师叔下山一段时间，你倒越来越伶牙俐齿了。只可惜锋芒毕露处处要占上风未必是好事。"

"难道处处失败受制于人是好事？"释然敏捷地反击释界。

"那是当然，镜清道怤禅师就最爱说'我失败了'、'我输了'、'我失利了'。"释界洋洋得意地说。

"镜清道怤"，释然心里暗自嘀咕，自己怎么没有听说过。一边脑筋在飞速转圈："我若向他低声下气打听，他必然要骄傲，干脆我换一个话题，待回去查清楚改日再和他争辩这个。"

"罢了罢了，人生就是'譬如朝露，去日苦多'，我何必与你争这点输赢，没有意义。"释然画风一变，"说到'譬如朝露'，今日刚好是白露，来来来，我们来对几句白露的诗。"

一听对诗，释界气势就降了不少："谁不知你跟着师父学了不少东西，要么你来给我吟咏几句，也让我学习学习。"

释然也不客气，张嘴就是："今日白露，说到白露相关的诗，有王建的'中庭地白树栖鸦,冷露无声湿桂花',曹邺的'白露沾碧草,芙蓉落清池',还有李白月下对酌,在三分酒意时吟咏的'玉阶生白露,夜久侵罗袜',更有杜甫的'露从今夜白,月是故乡明',至于任翻的'绝顶新秋生夜凉,鹤翻松露滴衣裳'那就更不用提,而'蒹葭苍苍,白露为霜'想必你是知道的……"

释然这么流利地背出那么多诗,释界也确实佩服。没想到后面传来师父的声音:"会背诵这么多,不理解其内涵,也不过是鹦鹉学舌。"

释然正洋洋得意间,被师父一句抢白,陡然像霜打的茄子。

"张嘴能背出这么多句,也只是想在同门师兄面前卖弄才学,占个上风,汝子过于好强。"师父随手将琴谱敲打释然脑袋一下。

"过于争强夺胜,其实是因为有自我执着的外壳,往往用锱铢必较的方式,想要使自己得到世俗的成功,却很少人想到转动心灵才能得到俗情之超越。为人要有谦和的态度,有了谦和的态度,才有更清明的胸怀。而谦和的态度需要有一颗自由的心、自觉的意识。也往往在谦退之处,才能看到另一个新的意念展开出一片新的境界。"师父向释然解释道,"刚才释界说镜清道怤禅师一生爱把'我失败了'、'我输了'、'我失利了'当作口头禅,就因为他的心境里面无畏成败,不执着于失败或者成功,一个无所畏惧和不执着的心灵就不会被击败,自然更有对一切的包容。"

"就是你刚才背诵的白露相关的诗句,'蒹葭苍苍,白露为霜',也自有一种旷达静谧的意境,和方才我弹的《秋月照茅亭》的精神内在无形契合。白露是丰收的前兆,'露从今夜白',天自此渐凉,一个本应丰收欢庆的季节，却带有晶莹剔透的露和微微的凉意，像镜清道怼禅师一样，让自己淡定谦退，压到最低的底线，反而能幻化出月净秋寂，天高水长的内敛和自在。"

听了师父一席话，释然和释界眼前都似打开一扇门，看到一个崭新天地。"还是师父才高学斗！"释然由衷地赞叹。

"不，"师父摇头否定，"我并没有什么特别的才学，只有一颗和你们一样的心。"

释然和释界看着师父，为这月夜温柔和人事清隽良好而内心欢喜。

"'人生几何？譬如朝露'，就让我们从今日起，开始珍惜这露珠一般短暂的人生。"天色已晚，师父将二人带了回去。

但去静坐

连一盏茶功夫都坐不住，这是心性不宁，在心性不宁时，你怎能以最好的状态去迎接香客？《碧岩录》说"但去静坐"，与其慌忙状态下行事，倒不如安住心神，不要错过了这一盏好茶和一轮明月。

秋分如约而至，释然忙碌依然。

他深深明了，在深山古庙、青灯古佛之外，有不尽的修行和无端重复的杂事，每日接待香客，看守殿堂，诵经打坐，早课晚课……时间如流水，一眨眼就是一日，时间也如沙砾，一点一滴从指缝间流逝。

释然总喜欢对释行说："忙得让人想哭，可忙得又没有时间哭一场。"

释行也似懂非懂跟着众多师兄们念经作业，却并不是十分明了所做为了何事。

待到晚课过后，释然想着还要打开庙门迎接前来的香客，和释行一路走，一路抱怨："咱们寺院和尚寥寥几十人，每天却接待这么多香客，真是辛苦。"

一路抱怨，路过望月亭，却见师父独坐其间，品尝香茗。望月亭上，一轮银盘高悬，月华泻地，师父自有一种超然物外的风范。

见师父这么清淡，释然心里可觉得不乐意了，小心嘀咕："咱们这么忙，师父还这么闲。"

"师哥，你在说什么？"释行没有听明白，仰头问释然。

"没什么，咱们去和师父一起赏月。"释然带着释行走向望月亭。

听到脚步声，师父转头，见是两个小沙弥，招呼他们过来。

"师父，您在做什么？"释然心有不快，明知故问。

师父给二人斟一盏茶："今日秋分，这一日，日夜均等。而由此去，白日渐短，漏夜更长。今日也是传统的祭月节，我在此观月。"

"祭月节？不应该是八月中秋？"释行不解。

"秋分祭月古已有之，只是未必年年秋分都有皓月，故才将'祭月节'调为中秋。"师父招呼二人坐下。

想到自己和师兄们这么忙，师父还能置身事外，释然心里的不乐意更加上一倍，有意道："师父，我和释行还要去迎接香客，不能久坐了。"

"且停歇住。"师父摆摆手，"你们坐下，喝茶。"

　　三人在亭中静坐，均不说话。晚风阵阵拂面，松涛若有似无。顷刻后，圆月更高，望月亭下浸月溪中一轮水月，微风过后，更是涟漪粼粼。环顾四野松林，谷深而幽，月华泻地，更让人神清气净。"果然赏月还是要近水才妙。"师父淡淡说道。

　　师父愈加清闲，释然愈加有气，便拉过释行，准备起身："师父，我们要去迎接香客了，"释然又加重语气，"这几日可忙了！"

　　"别忙，坐下，喝茶。"师父又止住二人。

　　"师父，要是师兄们见到我和释行在这里喝茶闲散，一定会说我们偷懒的。"释然给师父解释道。

　　"释然，你看今晚的月色可好？"师父并不接过释然的话头，转而问道。

　　"师父，今晚月亮是比较好，不过我看也和平时月圆差不多。"释然如实回答。

　　师父哈哈一笑："你只见到月亮，却不知道其中的奇妙之处。古人赏月有'海上生明月，天涯共此时'，设想遥隔天涯的远人也可能正在对月相思，彼此共对皓月，情远意真；还有'露从今夜白，月是故乡明'，究竟怎样的月色也不如故土；更有'淮水东边旧时月'，那是秦淮河桨声灯影里面的月色；更不要说'二十四桥明月夜，玉人何处教吹箫'那种神韵隽永……而我们今夜是在水一方，静赏皓月清波，如何会是一样的月亮？"师父抿一口茶，"中国字造得果极妙。'忙'字拆开就是'心'和'亡'，你这是忙到失却了自己的心，失去了感觉和观照的能力，倒不如好好坐下。"

　　"师父还有心情打趣取笑？"释然嘀咕。

"你看你，连一盏茶功夫都坐不住，这是心性不宁，在心性不宁时，你怎能以最好的状态去迎接香客？每日想着忙碌得道，但忘却了忙碌中、盲目中是不能求得言外之意的智慧的。《碧岩录》说'但去静坐'，与其慌忙状态下行事，倒不如安住心神，不要错过了这一盏好茶和一轮明月。"师父告知释然。

"可心中挂念着未做完的事和未修完的功课。"释然知道师父说的在理，但也要为自己辩解。

"有的人忙得让人盲目，心意越来越不专一，喝茶的时候想着读书，诵经的时候想着迎客，烧香的时候想着拜佛，就越来越不能理解智慧了。"师父突然严肃看着释然，"所以，你无法理解今夜独一无二的月色。你要知道，生命每一天都是难得，如果心中日日想着未完的事而不能安宁，忙到看不到春花秋月，不过是看似繁忙但是不能深得其意，生命还谈什么难得？"

听了师父一席话，想到自己近日果然是每日魂不守舍，看似忙碌实则一无所获，释然也开始觉得羞愧。

"所以，我们今日三人一聚，不如好好静赏月色，体会生命难得，也才能得意一刹那，进而得意于一天，才能得意于一生。"

师父说完，释然愈加感动："师父，原来我看似日日忙碌，但是失去了内心的清明，倒不如不忙。"

"那好，那就静静坐下，喝好眼前的这一盏茶！"

秋分行中道

秋分一声叶落，日月均衡，这是一个平衡的节气，最是平衡也最富有哲理，内含有庄重、喜悦。秋分寺院举办活动，就是希望你们细细体会这个节气中蕴含的平衡的深意。从竖蛋活动、祭月的活动中，就是希望你们能够学会从真实的节气中感受到平衡，让你们的心态平衡，才能感受身边的清风和身边人清明如水的心，才能证得清明。

释然最近迷上了玩手机，一有空闲总要拿着手机刷个不停。

这一日秋分，寺院里的人比往常多，释然觉得没趣，寻了一个理由，便偷偷回到了僧舍，往床上一仰，又拿出手机开始刷新闻。

那边释行见来了这么多人，分外欢喜，但看下四周，没看到师兄释然，便四下寻找。

释行吱嘎一声把门推开，扑过去就拉释然："师哥，你原来一个人躺在这里，让我好找。快出来一起玩。"

释然一个侧身，躲过释行的纠缠："不去不去，让我躺一会儿。"

"师哥，快出来，外面好热闹，真好玩。"释行继续拉释然。

"去去去，小孩子就光知道热闹，没劲，我不去。"释然不耐烦极了。

两人正在纠缠中，门外却响起了师父的声音："今日秋分天气，'乾坤能静肃，寒暑喜均平'，最是平衡清淡的时候，怎么响起了不和谐的杂音？"

释然二人不敢再造次，急忙转过身来，齐身叫："师父。"

释行年幼活泼一些，跑过去拉着师父，一肚子的话想说："师父，今天人多，可好玩了。"这边嘀咕完，释行眼珠一转，"师父，你刚才念的是什么？"

师父刮刮释行的鼻子："我刚才说今天是秋分，《春秋繁露·阴阳出入上下篇》有：'秋分者，阴阳相半也，故昼夜均而寒暑平。'"

听到师父唠叨这些，释然又觉得无趣，想想就接过话头："那师父，我带释行去玩。"想要乘机出去，找个没人处再翻翻手机。

可师父似乎还不想要二人走："秋分要心平气和才行。这一日还给你们安排了吃'萩饼'，晚上，我们再一起祭月。"

"哇，太好了，今天这么多好玩的，太好了。"释行一听，拍着手欢呼起来。而释然似乎不上心。

"秋分这一日特意搞一些民俗活动，一是让大家娱乐开心，二来也是让你们体会秋分节气内涵的深意。"说完，师父颇有深意地看了释然一眼。

"师父又要说禅了，"听到师父那么说，释然心里嘀咕着，一边想着方才的新闻还没看完，一边又忍不住好奇地问："师父，秋分节气有什么深意？"

"为师从没用过智能手机，"师父却避开了释然的问题，从袋中掏出了自己使用了多年的简易手机，"为师的手机也只能接打电话和收发短信。现在越来越多人将时间花在虚拟的世界中，心越来越没办法平静，对身边真实的世界感受越来越淡。这样生命的本质会越来越不平衡，本质是不自由的。我们有'心一境性'一说，就是心里只有一个对象，只有心和一个对象结合在一起的状态，才是'心一境性'。"

师父说完稍事停顿，又转移了话题，"弹琴的人都知道，如果琴弦绷得太紧，不能弹出美妙的声音；如果琴弦太松，也不能弹出美妙的声音。唯有不松不紧，恰到好处的平衡，才能弹出美妙的声音。可见平衡的意义。秋分一声叶落，日月均衡，这是一个平衡的节气，最是平衡也最富有哲理，内含有庄重、喜悦。秋分寺院举办活动，就是希望你们细细体会这个节气中蕴含的平衡的深意。学会从真实的节气中感受到平衡，让你们的心态平衡，才能感受身边的清风和身边人清明如水的心，才能证得清明。"说到这里，师父深深地看了释然一眼，"而一个陷入虚拟世界，或者一个杂乱的心，是无法体会这个季节内涵的喜悦的。推广出去，更无法体会更多的美好。"

听了师父的话，释然深深地感到了羞愧。

"秋分内蕴平衡，平衡就是中道。"师父慈爱地看着两个爱徒，"时刻要记得，人要行于中道，达到平衡，才可行到殊胜之处。"

寒露破樊笼

要知道，快乐不在远方，在我们站着的当下，幸福也不在未来，在我们体味的地方。明白了这一点，才能够静心体味寒露的美，在寒露的露气为霜外，去感受到寒露的优雅。

寒露来临，秋意渐浓。气温持续下降，地面露水更冷，快要凝结成霜。

偶见鸿雁列队南迁，雀鸟也逐渐少见，黄花遍地。

这些时日，田间管理工作繁重，师父嘱咐大家，寒露后秋高气爽，有利于蔬菜生长，叫大家听到早觉板就即刻起床，做好农事。

可是每日晨曦初露，听着清脆的板响起，紧接着是晨钟声响彻寺院，释然总不愿意起来。

这天早上，瞅着师父不在寺院，释然寻一个幌子，说自己感冒头痛，赖在床上便不起来。

释然正酣睡着，突然身上一凉，原来是师弟释行一把掀开了释然的被子，用冰凉的手放在释然脖子上，释然正要呵斥师弟，释行却说："师兄，别睡了，我们可忙了一天，摘棉花，还收割晚稻，师父看我们这么辛苦，叫我们去赏菊，师父还嘱咐戒严师叔准备好吃的玉竹粥犒劳我们。"

释然一把拉过被子："去去去，我才没兴趣，每年都要吃的，不知道哪里这么高兴。"

二人正相持不下，门外就传来戒严师叔的声音："我看看是哪个懒虫，这样不知情趣？"

一听这话，释然可不高兴，可巧已经睡饱，一个鲤鱼打挺就起来："我才不是不知情趣，年年寒露年年吃玉竹粥，年年忙农事，年年看菊花，真是乏味。"

释然一边穿上僧衣，一边起身："一年四季，属这个时节最是无趣，不热不冷，无花无果，温暾无聊。我还不如去读读经文，长长学问。"说着就要往外走，却被戒严师叔一把拉住领子："哪儿也别去，跟我走，我替你洗洗心情。"

戒严师叔不由释然争辩，拉着他就走，释行跟在后面哧哧直笑。

戒严拉着释然一路到了竹林里面的凉亭，师父已经沏好一壶菊花茶，几个师兄已经在凉亭等候。

师父见人到齐，便招呼大家坐下。戒严师叔也不客气，兀自倒一碗茶，大口喝下："释然，过来，让师父教你们用诗情裁剪寒气，将其细细切碎，再加上一味沉思，酝酿出独属寒露的味道。"

"就知道卖弄学问。"释然不服气地嘀咕着。

师父也不生气，只是嘱咐释行加上秋衣，再对释然颇有深意地一笑，戒严师叔也哈哈大笑。

见被师叔嘲笑，释然愈发不能释怀："师叔，年年都是这样，还不许人埋怨。"其他师兄们见释然今日这么较真，也不说话，只等着看师父如何教化他。

"释然，你说年年都是这样，也过了十数个寒露，你可体会出寒露独特的韵味？"师父问。

释然答不上话，师父看向其他师兄，别的师兄弟们也不理解师父的深意。

"你们难道没有体会到，寒露虽无花无果，虽然貌似无声，但暗中生机盎然？"师父问。

"何来生机？"释然不解。

"岁月无声流转，一晃便到寒露时节，天气从热逐渐转凉，内里不正是有一种庄严的变动。你再看寒露虽然没有大热大凉，但是天气逐渐变凉，作物生长到过渡阶段，看似没有变化，但是一切都在悄然变化，不正是自有一种冥想和静虑在其中蕴含？"师父紧一紧身上的僧衣。戒严师叔点点头："只有得智慧的人，就能体味到里面的喜悦、自在和静谧。"

释然听得恍恍惚惚，大家一时也接不上话，只是凝听师父慢慢道来。

师父眼睛望向远处，一队鸿雁南飞，眼下，亭外一篱菊花开得正艳："其实，一年四季轮回广大而恒久不变，是一个不可破的樊笼。正如释然所说，年年如此，看似多么无趣。"

这话正说到释然的心中，释然连连点头。

"不过，"师父话锋一转，"生命是有灵气的存在，人心应该突破樊笼，将时间的循环、四季轮回作为一种雄浑的背景，在这个风格独特的背景中沉思，观照我们的心，从中汲取清净的意蕴。"

师父看向自己的众多爱徒，"当人心想要突破樊笼的时候，就能体会到寒露这一片寂静里面的活泼盎然……你们想，寒露时节，寒气愈重，很快就会过渡到冬季，只要想想，到冬季时，大雪纷飞，天地银装素裹，何等宏大，就让人心潮澎湃。"

"可是师父，我们可不能靠想象冬日来渡过寒露。"释然悄悄嘀咕，声音不大不小，恰好让师父听见。

"是的，我们不能靠想象度日，要知道，快乐不在远方，在我们站着的当下，幸福也不在未来，在我们体味的地方。明白了这一点，才能够静心体味寒露的美，在寒露的露气为霜外，去感受到寒露的优雅。"师父教导大家。

大家为师父的话所动容，皆静静听师父慢慢叙述。

"你们看，寒露时分，一切看似温暾，但是一切都在悄然变化，这不正是'不着一字，尽得风流'吗？我们总说要做一个纯净的有大欢喜的人，也只有纯净平淡的人，才能从这寂静美好的流金岁月里面看到那内里清湛盈满的洁净。而最可悲的是，人往往应有灵性敏感，却由于心被蒙蔽，不能体味每一个季节所有的活泼的生命。"

　　师父一席话，说得释然惭愧地低下了头。大家也都沉默地体会着师父的话。这时候，戒严师叔端上玉竹粥："师父的意思就是'心美一切皆美，情深万象皆深'。释然，你也别觉得无聊了，快来给大家盛粥。"

无边智慧

你执意要通过专心的凝听去理解外界，通过死记硬背去解读寒露的时候，你已经陷入执着，那么你就忘记了他人想你分享的喜悦，忘记了用自己的感受去获得真实的见解。

前一日，师父点名让释然几个小沙弥早起，上山去深翻改土，释然不乐意，因为大清早的又不能多睡一会儿。师父告知释然"秋三月，早卧早起，与鸡俱兴"释然才无话可说。

这一日，释然早早就起来准备，既然答应了师父，自己便要做到。

师徒几人沿着狭隘的山路一路上行。果然"寒露寒露，遍地冷露"，一路虽在活动，但是释然仍感觉凉气浸身，不过大家兴致都很好，释然也跟上大家的步伐一路快登到山顶。在山顶上，悬铃木的叶子已经掉了，只剩下硕大的树干在寒露的清晨休眠着。月亮低低悬在天边，极目看到天边，有一抹淡淡的晨曦在灰云的背后透出来。

寒露时节，一切都是寂静的。在薄凉的寂静里，寺院的晨钟敲响了。

那钟声似乎具有穿透力，要穿透弥漫的寒气，有一种深沉的力量直击耳畔。"这时候寺院里面的师兄弟们才醒来，可我们已经到山上了。"释然心想。可是奇怪的是，单纯的钟声渐渐变淡，本来早就停歇，但是在这寂静的山上，那晨钟的余音一直久久地回荡着，似是没有声音，但是一直在耳畔萦绕。释然心中激荡起一种难以言喻的美感。

"师父，这么远，不该听到这晨钟的余音，但是一直若有似无的。"释然一边随着师父登山，一边说。

"出家人身心清净，就像这寒露时节，清明的心才能够听到这悠远的余音。"师父淡淡回应着。

这时候，大家已经到了山上，师父叫几个师兄开始深翻土地，将草皮、杂草都埋在土中。另叫释然等人跟随自己去采摘茱萸，用来避恶气御初寒。

跟着师父劳作，释然的心却一直想着师父刚才的话。前晚师父说了要有清明的心去体味寒露时节，释然就总想和师父多聊聊，可巧师父一句话又说到了寒露。"师父，这余音可真好听。"释然由衷地说道。

"寒露时节，不就如这余音，有沁人心脾的境界么？"师父似是在回答释然，又似是在自言自语。

"师父，怎么要这样比较呢？"释然满心好奇。

"走过盛夏和初秋，从白露到寒露，无声的寒气，万物看似消落，阴气渐生。不过这也是万物变化发展的必经阶段，如此细细变化，就逐渐铺展出下一个季节迥然不同。说起来，这个季节看似没有声色，但真有一种气定神闲呢。"师父由衷地赞叹着。

这时，月亮渐渐下去，天空的颜色逐渐清明起来，说也奇怪，那晨钟的声音还似乎在耳畔袅袅。大家答不上话，所幸就什么也不说，只随师父劳作，等师父解答。

"释然，你有没有感觉，在这繁华落尽的季节，有一种气定神闲的感觉，让人在细腻的感知中受到感动。果然是'浅井泛皎月，静秋知天涯'！"师父问释然。

"师父越说越远了，我也听不明白。"释然听不明了，索性直接说出想法。

"不明白才是对的。"背后戒严师叔的大巴掌落在释然的头上，"不管师父怎么说，那都是师父单纯的感受和担当，而不是你的。"

被戒严师叔这么一咋呼，释然可不服气："师叔，我正向师父学习呢。"

"真实的修行不是因为学习而得到的，你师父说出的话是你师父自己的承担和感受。他说的时候，是单纯的欢喜，说出之后，就是纯粹的镇静。你要感受那种纯粹分享的喜悦便是。"戒严师叔告诉释然。

释然气鼓鼓的，但一时又找不到语言反驳，那边师父倒笑了起来，给释然解释道："你执意要通过专心的凝听去理解外界，通过死记硬背去解读寒露的时候，你已经陷入执着，那么你就忘记了他人想你分享的喜悦，忘记了用自己的感受去获得真实的见解。你师叔一巴掌，就是要破掉你想通过参话头理解世界的想法，才能破掉你的执着，唯有破掉了你的执着，人才有一派天真、自然、无所用心。这样，你才能真正去理解包括寒露在内的所有季节，才能够真正理解自己身处的世界。"

"原来如此！"释然枉然大悟，"那师父，我便不跟在你后面亦步亦趋了。"释然早就想跟随师兄弟们一同劳作了。

"好。"师父点头赞许。

释然向师兄弟们的方向走过去，似乎感觉在寒露的清晨，在自己的周围，妙响云集，不可思议，心中有了一种由衷的喜悦，如无声的水，逐渐弥散开来，遍布在整个世界。而这个寒露，在释然心中，则有无边的智慧。

霜降的微笑

霜降时节，虽然寒冷清寂，霜虫衰微，看似无情，但也盛开出小野菊，清冷、寂静中释放出野趣。这小野菊不正是表示了宇宙的秩序，显示出霜降内里藏着饱满的喜悦，才借由小野菊露出微笑，显现出美好，让人学会在人世中、季节中看到智慧吗？

最近，师父在讲佛学之余，还给大家讲谈"余之忏悔"，闲下就是准备讲稿，还要整理寺里面的古版藏经，将其编程目录，也是繁忙异常。而由于课程门类多，时间分配却少，众僧也觉得紧张，都刻苦精进，一天到晚用功，生怕没有什么成绩。

这一日，已经是黄昏时候，释然走过僧房，看到僧房的灯火都发出柔和的光，而诵经的声音又朗朗入耳，良好的景象给了他一种莫名的欢喜。而一阵秋风拂过，释然想到现在已经是一年的秋末，初霜出现，冬天很快就要来了，一年时间眨眼而过，想到自己还德薄业重，所做的事成功者无，残缺破碎的居大半，心中又涌起大惭愧。

释然正在踌躇惭愧间，师父和释果师兄一路交谈着过来了。释果师兄的话隐隐飘入释然耳中："今日的学生比往年多了两倍，管理上总会感到困难，人多了是'人才济济'，但是一种'一事无成人渐老'的感觉总是偶尔冒出来，我对自己总是不能原谅，断不能这样马马虎虎地过去啊。"释果师兄的话中有深深的遗憾。

一听得释果师兄的话，释然大有同感，也想借机向师父学习，便过去恭敬地叫师父。

师父手中正捧着一盆小野菊，顺手递给释然，隐隐嗅到小野菊散发的淡淡清冽的香气。释然跟着师父二人，一路向着学僧房走去。

"是啊，白露结霜，老雁叫云，草木枯荣，大半年光阴斑驳而逝，眨眼就到了秋末。"师父点点头，语气中有对季节光阴的惋惜。但是似乎又转头问释然，"释然，你可还记得每个节气特有的花？"

释然小心翼翼地捧着小野菊，行在夜路上，生怕有所闪失，也不敢答师父的话。

师父打开他住的禅房，示意释然把小野菊摆放在窗台上："你们看一年四季，草木渐次枯荣。长夏炎热，会有涧水清音，淼淼水草；白露有'蒹葭苍苍，白露为霜'；秋分有石榴、枣子等，姹紫嫣红；小寒有悬铃木、白皮松等；霜降则有橙黄的蒙古栎、深红的元宝枫，还有山楂、南蛇藤等果实，还有大朵颜色明快的菊花让人感受到生命、收获。"

"这和我们此刻心中的困惑有何关系？"释然暗自嘀咕。

　　"世间万物，皆有灵性。花草的生命，大多以年计算，一年一个枯荣，短暂可叹，但是花草的感情，却慈悲慈善，安于平淡，不因光阴而悲喜交集，开出柔软、纯净、芳香和美丽。"师父细细地给小野菊去掉杂草，动作轻柔而细致。

　　释然已经被师父的话所吸引，只是等着师父继续讲下去。

　　"每个人都有智慧，而人在陷入困顿的时候，就忘记了让自己的心灵开花。"师父转头面向戒果师兄，"你只想到你做寺院管理，疏于了经文学习，而感到时日流逝痛心，但是却没有想到，你的工作就如这霜降的野菊，虽然小，但是温暖了人心。"

　　"这是为什么？"听了师父的话，释果师兄一时间也转不过来。

　　"要知道，霜降时节虽然寒冷清寂，霜虫衰微，看似无情，但也盛开出小野菊，清冷、寂静中释放出野趣。这小野菊不正是表示了宇宙的秩序，显示出霜降内里藏着饱满的喜悦，才借由小野菊露出微笑，显现出美好，让人学会在人世中、季节中看到智慧吗？"师父小心地把一朵凋落的野菊拾起来，放在一本书中，再对二人说，"回到你们现实的生活，学僧们努力精进学习，释果协助做着寺院管理工作，努力让他人能够更好地学习生活，不正是以无我之伟大精神，做出大的事业吗？为何还要郁郁寡欢呢？"

　　听了师父的话，虽然不得知释果师兄的感受，前述的困惑也没有完全解决，但是释然心中仍然升起了一种庄严的喜悦。师父似乎还未说完，继续对二人说，"再说到你觉得年岁流走，所学甚少，倒让我想起弘一法师说过，'我只希望我的事情失败，因为事情失败、不完满，这才使我常常发大惭愧！能够晓得自己的德行欠缺，自己的修行不足，那我才可努力用功，努力改过！'"

"师父说到正题了。"释然想着。

"刚才你的困惑，是陷入了对完美的执着，而忘记了让自己的心灵开花，才没有看到我们生存的世界里面真实显现的道理。你们可要记着，如果真的功课完满，学业完满，那么人反而会因为心满意足而洋洋得意，而增长自满的念头，反而要生出种种过失。所以，还是不完满才好。在不完满中光明不动，如霜降来临，依然有花开世界。"

"原来是这样。"释然和释果都恍然大悟。

"所以，在霜降的时候，像一朵花一样微笑吧。在时间流过的时候，也准备好微笑吧。"师父告诫二人。

季节的游戏

就像霜降季节，可能没有春的百花繁盛、冬的大雪凛冽，看起来霜降似乎不激烈、不繁荣美丽，似乎没有必要、没有意义，但是它自有一种游戏的闲散和浪漫在其中，让它成为一个独特的季节，也让它成为四季里面一个重要的部分。

这是秋天的最后一个节气了，秋燥明显。释然老是觉得口干、唇干、皮肤干燥，每天神情涣散，什么功课也不想做。这一天大家都在专门听师父讲学，释然提不起精神，百无聊赖地在本上画着窗外的那棵树。似乎隐约听到师父在说什么"九月中，气肃而凝，露结为霜"，一会儿听到朗朗的读书声"驿内侵斜月，溪桥度晚霜"，释然装模作样地附和着张嘴，手上一点没有停下。

正画着，一团黑影投在纸上，释然抬头，看见师父拿着书本站在面前。这下躲也躲不掉了。师父也不说话，拿过释然的画，端详起来。释然心里害怕，不敢看师父一眼，只是低着头等着师父发落。

这边师父停止了讲课，大家的注意力也被吸引了过来。大家都不说话，等着师父发怒。

释然低着头，时间仿佛停滞，静谧中有一种紧张的氛围。

就这么半晌，好像什么也没有发生。

释然偷偷抬头瞄了师父一眼，却看到师父拿着自己的画本一边翻页，一边点头微笑。

"平安了？师父不骂我？"释然心里自问，但也不敢动弹。

"你坐下吧，好好听课。"师父把画本还给释然，又开始从"枯草霜花白，寒窗月新影"讲到寒霜出现在秋天晴朗的月夜。师父讲完，特意让大家去院里看看溪边泥土上结成的细细的冰针。

大家一哄而出，师父叫住了释然："释然，带上你的画本，出去画画霜花，算是对你不认真听讲的惩罚。"

"师父，"释然怯怯地问，"我不认真听讲，师父不怪我？"

"我为什么要怪一颗善于游戏的赤子之心？"师父面带微笑反问释然，"好了，带上你的画本，和我出去。"

释然听得丈二和尚摸不着头脑，但也不敢违背师父的话，乖乖地带上画本跟在大家后面。

大家看着霜花，释然也认真地描摹。

"大家从霜降可看到了什么有趣的？"师父问大家。

有的小和尚说看到了霜花，也有的说没有什么特别有趣的事。

"你们没有感受到霜降其实是一个特别的，并且是四季里面一个重要并且独特的存在？"师父摸摸释行的头。

大家都默不作声，接不上话。

"你们没感觉到霜降的独特和重要，那是因为你们没有看到季节的游戏的心？大自然所有的节奏都是人的意识，"师父笑一笑，在释然眼中，师父的话高深莫测，"其实就像是我们透过霜降看世界，或者我们透过绘画看世界，就像是通过不同的窗户向外看，看出去的每一处都是不同的风景，但是如果向内看，这个世界其实就只有一所房子。"

大家都聚精会神地听师父说，"就像霜降季节，可能没有春的百花繁盛、冬的大雪凛冽，看起来霜降似乎不激烈、不繁荣美丽，似乎没有必要、没有意义，但是它自有一种游戏的闲散和浪漫在其中，自有一种伟大的安排，让它不争不辩，这种内蕴的气度让它成为一个独特的季节，也让它成为四季里面一个重要的部分。"

"你们要知道，每一个季节都是最好的季节。要学会在生活中捕捉到直观的第一义。"师父让大家聚拢过来，一起看释然的画，"你们看，只有能够欣赏美好事物的眼睛，才能画出美好的画。"师父表扬释然，同时对大家说，"释然的画也许技术还不娴熟，也许是随手涂鸦，但我看到释然的画的时候也会感到由衷的欣喜。因为他有一颗天真的游戏的心。"

听了师父的表扬，释然心里不由得飘飘然起来，不过也暗自嘀咕："自己不过是无聊涂鸦，哪有师父说得这么高尚？"

师父也知道大家没明白他的意思："释然的画不过是随手涂鸦，

也可能是听课无聊所为，但是'无聊是一切伟大的开始'，这无聊而作画的背后，是一颗放松的、无所为的心情。这种心情，何尝不和霜降是同一来源呢？自由自在的心境是非常难得的。"

"原来师父是因为这样才不惩罚我不认真听课？"释然似乎明白。

"我当然不能板着面孔去呵斥一颗赤子之心，并且如果修行只有严肃冷漠刻板教条，那会多么无聊！所以，偶尔，我们让自己做到无心的状态，游戏一下，反而更能接近净土。"师父哈哈一笑，"今晚晚课就免了，你们尽兴去玩乐吧。"

"太好了！"众僧欢呼起来。

冬

立冬的迎春花

自然四季更迭，也许很多人认为是一个僵化的不可破的樊笼，也很难真正在大雪纷飞的苦寒中见到艳丽迎春，但是人的心灵不可有樊笼，唯有自由的心灵才会带来生命的新生，才能够消融立冬的大雪苦寒，才能够让迎春自由绽放。

冬季之始，水面初凝，大地开始封冻，土气凝寒。

寒风乍起，一路狂奔，把山上的红叶一扫而光。天气寒冷，但是不见下雪。

候了一天又一天，眼看到了立冬这天，虽然已经大幅度降温，但也没下雪，释然忍不住抱怨起来："光是刮风不下雪，哪里像是冬天。"停顿没多久，又继续向释行吹嘘："记得小时候在北方，那冬天才叫真正的冬天，一片茫茫大雪！"说着还敲敲释行的脑袋，"茫茫大雪，见过没有？天地一片苍茫，不过那心情可真是清冽。围着火炉涮菜吃，那滋味真好。"每每说到这里，释然都要咂咂嘴，似在回味那记忆中的味道。

释然显摆的话不小心被路过的释恩师兄听了去，便接过了话头："你怀念的不是雪，是当时的那种心情吧。"

释然对释恩的插话不以为然，释恩教导说："你别不信，我敢打赌，要是现在这里下了茫茫大雪，你恐怕还是会想念当年的那场雪。"

释然一时间被释恩抢白得无言以对，只是鼓着腮帮子干瞪着眼睛不答话，寻了个由头去找师父，便出门去了。

到了师父房中，却见师父在绘画，宣纸上一片白雪点点，却有一株艳极的迎春花。

"师父，现在立冬，大雪将至，这画倒也应景，只是这艳丽的迎春花，怎么可能在大雪寒地上出现？这未免是不问四时，太不合时宜了。"释然看着师父的画，心中觉得怪异至极，也就脱口问了出来。

这边刚问出来，那边就听到了释恩抢白的声音："这你就是不懂师父的高明之处，前人王维还画过一幅《雪中芭蕉》，别人都赞他是'只取远神，不拘细节'，所以师父在雪中画上迎春花，岂是你能理解的境界？"

听了释恩的话，释然心中气不打一处来，极力辩护："作画虽然可以有印象派、立体派……种种派别，但是也要和环境、真实有一定的吻合，总不能太过随心所欲。你既然说师父这是无上的境界，你可给我解释一二？"

释恩刚才只是随口一说，被释然这么一问，也答不上来。释行年幼，听不明白他们的争论，只是眨巴着大眼睛看着师兄们打嘴仗，一时间释然和释恩两人谁也不能说服谁。

师父画罢，这才抬起头来，问三人："你们还记得《传灯录》中六源禅师问慧海禅师的话？"

"当然记得，"释然抢先答道，"六源禅师问慧海禅师，和尚修道要不要用功，慧海禅师说饿了吃饭，困了睡觉就是。很多人总是吃饭时不肯吃饭，百般需索，睡觉时不睡觉，百种计较。"

"但是，这和师父在寒雪中画一株迎春花有什么关系？"释然不明白。

"吃饭时吃饭，睡觉时睡觉，就是这么自然。就像立冬来了，眼看天将大雪，我想画一幅雪景，也是一件极自然的事。"师父一边收拾纸墨笔砚一边回答释然的问题。

"立冬来了，天将大雪画一幅雪景，可是在雪景中画上一株迎春，这也未免太不客观？"释然追问。

"我只是信笔由缰画一幅雪景，而你们却在为雪中该不该有迎春花而争论不休，这不就是失却了自然的淡然的心情？而且人在没有雪的时候，也可以有雪的心情。在没有春的时候，也可以有春的心情。在风雪季节，我们可以围炉取暖，再'晚来天欲雪，能饮一杯无'，同样也可以想起迎春花蕴含的春的信息，这何尝又不是一种绝美的存在和想象？"师父反问释然。

"今日立冬，师父借着画一幅雪中迎春来教导我们，要有自然和悠远灵性的心境，可见师父真是用心良苦。"释恩巴结着师父。

师父继续说："王维说过'反画山水，意在笔先'，王维在雪中画一幅芭蕉，那是天才的运用，我自然万万不及他。我雪中画上迎春，也非刻意模仿，更不是有心要对你们教导一二，不过是偶然吟读《小窗幽记》，读到'月来窥酒，雪来窥书'一句，想这立冬将至，冬季是一年的终结，人要认识季节，就该先认识季节的终结，要认识生命，就应该先认识生命的终结时候。而在认识到生命终结时，还不要为大地的枯荣而陷于伤悲，要能认识到时光的意义，认识到四季变化的自然呈现，还能够穿越时空想到冬后春至，就信笔画上了迎春花。"

"自然四季更迭，也许很多人认为是一个僵化的不可破的樊笼，也很难真正在大雪纷飞的苦寒中见到艳丽迎春，但是人的心灵不可有樊笼，唯有自由的心灵才会带来生命的新生，才能够消融立冬的大雪苦寒，才能够让迎春自由绽放。绘画要有这样的自由，我们面对四季更迭依然要有这样的自由。"师父说完，认真地看了一眼面前的三个沙弥。

释然一时间答不上话，但是他知道，来年立冬，自己必然也会如今日怀念小时候立冬的大雪一样，怀念今年立冬的迎春花。

立冬的冬心

　　季节从春走到冬的深处，都需要自己去行，看似孤独，但是一直往前走，就能见到'季节的本来的面目'，透过季节的本来面目，我们可以感悟到天地万物的本来面目！当有了这一切感受，知道天地万物一直和自己同在，一直共同在感受，人就不会孤独和寂寞。

　　立冬已过五天，天地间寒气渐升，抬眼望去，满眼都是挥之不去的萧瑟。寒风一起，一路狂奔，把山上的红叶一扫而光。

　　一岁终而一岁始，时寒色深重，师父嘱咐戒严师叔，该给大家授冬衣了。

　　恰巧这一日，释然找出去年的冬衣，袖子短了半截，释行的冬衣也是，二人面面相觑，相互打趣了好久。听到戒严师叔让大家晚上去大堂里面领冬衣，两人都高兴得跳了起来。

晚课过后，释然与释行一起向大堂行去。正好路过师父的禅房，师父的禅房透露出暖色的光影，在立冬的夜里给人温暖的感觉。透过竹帘，隐约看师父和戒严师叔在忙碌着什么。

释然拉着释行，凑到师父禅房看能不能帮师父做点事。

进入禅房，看见师父卧榻上有一叠粗麻冬衣，每件冬衣上还有些许梅花压在其中，师父正在小心地拂去冬衣上的梅花，再把冬衣按照尺码分好。

师父的动作轻柔小心，仿佛手中的冬衣都是自己的心爱之物，室内流动着似有若无的清雅梅香，倒有几分"尘埃何处寻真境，试逐寒流认落花"的味道。

看师父对待几件粗麻冬衣这么细心，释然觉得不解。正要发问，师父转身看到二人，对二人笑笑，招呼二人坐下："既然你们来了，我就先把你们的冬衣给你们。"

师父找到二人合适的尺码，小心地把冬衣装入布袋中，在布袋中装入一本雪景画集，再郑重地交给二人。从师父小心庄重的动作中，释然感觉到郑重其事，深深地给师父鞠了一个躬。

待到接过冬衣，释然这才发问："师父，怎么发放一件冬衣这么郑重？还要再送一本雪景画集。"

受到良夜氛围感染，戒严师叔说话也轻柔了起来："立冬了，看起来万物凋敝，人也容易感时伤感，越是在这样的时候，人更要有一片温柔的心境。一衣一帽看起来朴实无华，但是内含有温和绵长的关切，你们师父送你们每人冬衣和画集，像立冬的月色，清净平等，更是想送你们一片明月夜的光明、平等和温柔。你们不仅仅要看到这件冬衣的温暖，也要看到送冬衣背后心的光明。"

难得戒严师叔今晚这么细腻，从师叔的话中释然也深受感动，心里默默想着，果然只有真诚流露，才能够送出光明，并且让人感受到光明。

释行一边听着师叔的话，一边翻开师父送的画集，画面上一片寒雪飘零："这冬天了，万物凋零，可真不热闹。"释行嘀咕着。

"立冬，看起来万物凋零，但如果心有镜子一般明澈，也可以看见立冬深处那颗温暖的冬心，让人趁此机会关心别人。立冬，也就显得清爽、美好。"师父接过了释行的话。

"冬心怎么理解？"释然和释行都看着师父，等师父进一步告知。

"每个季节都深藏有韵味。有时候人只是忘记去进一步体会，或者疏于体会，在我们还没有真正理解到立冬深藏的冬心时候，我们要平静、淡然，安顿身心，有更体贴的心，才能进入万物的内在，进入季节的内在，进而一点一滴感受到生命的自在。"师父慈爱地看着两个弟子，戒严师叔则张罗着把冬衣抱去大堂，"而最终，一切学习和感受，都是内在的。就像季节从春走到冬的深处，都需要自己去行，看似孤独，但是一直往前走，就能见到'季节的本来的面目'，透过季节的本来面目，我们可以感悟到天地万物的本来面目！当有了这一切感受，知道天地万物一直和自己同在，一直共同在感受，人就不会孤独和寂寞。"

"从季节中也能感悟到天地万物的本来面目？"释然略有所懂，但仍然不甚明了。

"人是在季节中生活，我们的日常生活，在季节中表现的一点一滴，如夏天摇扇、冬来加衣，都是自然的展现。而这样平实、平凡、细微的生活里面，无疑具有宏大无私的本性。其实我们的一切学习最终都要回到生活，深入到生活。特别是我们的修行，也是要像季节一样真实，落实到每一日真实的生活之中。我们的修行最终是要人得到安顿，得到平衡，得到明心，就像这件冬衣，最终要让人能够更好地生活，让人能够感受到身心安住，如果连更好的生活都做不到，讲什么修行呢？"冬衣都抱出去了，师父也准备去大堂了，"所谓季节，所谓生活，最终如此凝聚在这每一日细微的感受之中。你们要修行，最重要的就是要落实到生活之中，'安之若素'之后，才有'踊跃欢喜'。"

听了师父的话，释然再次看了看手上的冬衣和画集，从这件冬衣上面似乎看到了师父的心，也似乎感觉到自我的本心。

"转"小雪

　　季节变迁，繁盛或枯寂看似无心，实则是需要人用变通和灵动的眼光去看的，不拘泥于古板和僵化，才能够在绝处逢生，在枯荣中看到深情盎然，在严冬感受到生机涌动。否则，四季均可能灰暗无趣，万物皆会因心境而颓唐。为心所囿，人生便无路可走。

　　随着白昼愈短，气温逐渐降到0℃以下，西北风成为天地常客。很快就迎来了入冬的第一次降雪，雪量虽然不大，不过师父不住地点头说："小雪雪满天，来年必丰年，来年一定是好日子。"

　　小雪之后，农事不能懈怠，释恩师兄带着大家在田间地头忙碌。

　　看着天晴，要抓紧为果树修枝，还要以草秸包住树干，防止果树受冻，蔬菜也要贮存在地窖中。

　　虽然已经是冰天雪地，但是农事仍然不能懈怠，接下来还要进行冬季积肥、造肥。晚上大家还要利用现有的材料做柳编和草编，通过副业为寺院增加一些收入。

这天晚上，大家在一起做草编，释然冻得僵手僵脚，不住地向释行埋怨："这才是小雪，就这么酷寒，裹着棉袄像是薄纸，等到大雪那还不知道冻成什么样呢！"

那边师父和师叔受人所托在酿制米酒，两人一边忙碌，一边闲散说着："《诗经》里面有关于米酒的记载，虽然零星散落，不过荡气回肠。你看《豳风·七月》有'十月获稻，为此春酒，以介眉寿'，寥寥几句就把酿酒的时间、原料和酒的功效都概括了。"

戒严师叔接过话："《周颂·丰年》有'丰年多黍多稌，亦有高廪，万亿及秭。为酒为醴，烝畀祖妣'，古人把丰年收获的粮食酿成米酒，祭祀祖先，同时祈祷来年风调雨顺，是满满的生活情趣。"

听到师父和师叔还能这么悠闲地聊酿酒，释然真觉得不能理解，对释行嘀咕着："这天气冷成这样，百草枯萎，最是无聊的季节，每天还有繁重的农事，他们还真有闲心。"释然说罢，还摇摇头，表示不能理解。

"你失却了自己的本心。"释然正在抱怨中，那边师父却转过头，接过了释然的话头。

"师父，我也觉得累。"释行丢了手中的草编，可怜巴巴地看着师父，"最近不仅要上课，还要修剪果树、做糍粑、给小麦做田间管理、把萝卜白菜收到地窖，"释行一边说一边掰着手指头，"真真每件都是事啊！"

有了释行的童言无忌，释然也更有恃无恐了："可不是，每日睁眼就是繁忙，而天气冷得人僵手僵脚，看出去一片寒气萧瑟，这小雪冬来可真不是好节气。"

师父在米中加水拌入自己制作的地道酒曲："小雪来，你只看到寒气萧瑟，可是白居易的'绿蚁新醅酒，红泥小火炉。晚来天欲雪，能饮一杯无'，却在小雪的萧瑟中透露出清新温暖，你们可想过，等到师父的米酒酿成，在银雪纷飞的时候，我们围炉饮酒，共赴清谈，也会有一室生春，那是多美的情致。"

释然一边忙着手上的草编，一边嘀咕："师父，每天气温低，又冷又萧瑟，出门去到处一片寒气，人可很难有那么美的联想。"

"所以方才我说你失却了本心。"师父看着释然，"失却了本心，就失却了与自然界的联系，很难从自然中汲取统一和和谐的心。"

"师父，这么忙碌紧张的生活，还能保持本心，对弟子这样修行甚浅的人来说可真是天方夜谭。再者，每天这样的忙碌，本心又在哪里？"释然这次嘴上没有好气。

师父嘴上应答着释然，手上可一点没闲着，和戒严师叔一起把米酒密封："要在各种信息涌动和繁忙中保持本心，确实比之以前更加艰苦。"师父对释然的感受有所理解，不过话锋一转，"确实季节在变动，人遭遇的事和环境也在变动，在变动中要保持不变，或者要把冷冰冰的小雪烧得暖烘烘，确实更加艰难。但是修行之人任何时候都不要忘记，任何事物都会在时代和环境迁徙里面改变面貌，本心也如此。"

"就像季节变迁，繁盛或枯寂看似无心，实则是需要人用变通和灵动的眼光去看的，不拘泥于古板和僵化，才能够在绝处逢生，在枯荣中看到深情盎然，在严冬感受到生机涌动。否则，四季均可能灰暗无趣，万物皆会因心境而颓唐。为心所囿，人生便无路可走。"

师父继续说，"任何时候都要记得，在疲累时候、无可奈何时候，要想到一叶也知秋，要知道一片雪花中也暗藏有广大的世界。这就是变通和灵动，让人在面对生命困境时依然能够感受到这个世界的庄严、美好、自在和生机无限。这样，你下次就不会抱怨大暑太热，小雪太凉，而是从每一日每一个节气中都能看到无限的庄严美好。"

师父的话像一盏暖茶，像一铜壶热腾腾的稠米酒，温暖了释然的心："任何时候都要记着，不管是春暖花开还是秋月无边，或者严寒酷冻，任何时候，本心都在我们身边。"师父和师叔做好了米酒的密封发酵，这才直起身来，捶捶后背："'曲米酿得春风生，琼浆玉液泛芳樽'，现在，你是不是会想象我们围炉夜谈，喝一口暖茶，是非常美好的？"

岁月无痕

　　枯萎的小雪季节到来，是因为我们走过了繁盛的百花盛开的春天，走过了果实挂满枝头的秋天，才来到了现在。春的繁荣绝美和冬的枯萎凋谢，都只是自然的表面现象，本质是一样的。该热闹的时候热闹，该冷清的时候冷清，大自然就是这样痛快淋漓，不管是春的百花来，还是冬的万物去，不管境况和表象怎么转变，大地总是不变的。

　　进入小雪以来，山上一日比一日更加凋敝，看着千山鸟飞绝，释然也觉得悻悻的。这天师兄释恩来叫释然去读早课，释然在床上翻个身，掖了掖被子，缩着头继续睡："这周师父、师叔全都下山了，没人管我们，还是算了吧。"

　　释恩看师弟不听自己的话，一把拉过释然的被子："师父走的时候特意交代，要我把你们看好，记得提醒你们日日用功，师父这才走几日，你就偷懒，那还得了？"

释然本来还想睡个回笼觉，被释恩这么一顿教训，心里一肚子火，一下做起来拉被子，一边拉一边说："这冷冰冰的时节，狗熊都要冬眠，人也该多休息多保暖，非要让人冒着寒冷起来，在冰冷的大堂里面读书，还必须保持暖烘烘的热情，这不是强人所难、违背自然吗？"

"哟，你学习还要看季节。真是'春来不是读书天，夏日炎炎正想眠，秋有蚊虫冬有雪，还是来年再读书'。"释恩的话中充满了嘲讽。

释然被一顿嘲讽，心里知道是自己偷懒理亏，也不敢再硬气顶嘴，乘机偷换了概念，对释恩说："也不是我要偷懒，只是到这小雪时节，看着外面万物凋敝，想到走过了一年，却走到了万里无寸草的地步，心里实在是打不起精神。还是觉得春的百花、秋的果实更让人感觉灿烂饱满实在。"

释恩也知道平日大家功课、农事很辛苦，难得师父不在，想偷懒睡个懒觉，自己也不便把大伙逼紧了，索性就坐下来，好好给释然讲道理："你说小雪季节不好，我倒觉得这是绝好的时节。师父不是经常跟我们说'真空妙有'，真空中生出妙有，我看这个季节就有'真空妙有'的韵味在其间。"

释恩说着，把被子还给了释然，释然接过被子裹在身上："师哥继续说。"

释恩也把腿盘起来坐在床上，拿过被子搭在腿上："我们学习，不是一直追求一种绝对的境界，要'孤峰顶上'，或者是'通玄峰顶，不是人间'，这雪花纷飞的时节，不正是有一种绝妙的韵味，当寒极的时候，就会逐渐转变到春来花开，百花盛放，就像生命穿过了一个认知走到下一个认知，像走到孤绝处转向另一个世界。这样想来，真让人觉得平静、快乐、无忧、无畏。这个季节也真是极好的存在。"

刚才被释恩掀了被子，释然冷得有点哆嗦："我看这个万物枯萎的季节，不管向东还是向西，都是一望无际的枯萎。万里都寸草不生，哪有生机和活力？"

"如果心里有草，出门就是草。"两人正在有一搭没一搭地对话，窗外却传来了师父的声音。

师父推门而入，手中拿着核桃、腰果、栗子等物，都放在小桌子上，示意二人吃："只看到小雪季节的枯萎，就难以接受，这是因为释然心中有了分别心，站在一个自我局限的角度看小雪的风景，忘记了站在高处将看到的风景。"

师父看着释然："释然你忘记了，枯萎的小雪季节到来，是因为我们走过了繁盛的百花盛开的春天，走过了果实挂满枝头的秋天，才来到了现在。春的繁荣绝美和冬的枯萎凋谢，都只是自然的表面现象，本质是一样的。该热闹的时候热闹，该冷清的时候冷清，大自然就是这样痛快淋漓，不管是春的百花来，还是冬的万物去，不管境况和表象怎么转变，大地总是不变的。也只有在冬的时候冷到极致，才有春的百花明媚。如果一定要区分春好冬坏，那就是对自然的无知。

而如果无所谓枯荣，那也不对，就会缺乏对自己的认识。"

被师父这么一顿否定，释然心里也不好受，不过想到今日也是自己偷懒引起，脸更是燥红一片，不敢抢白。

师父边说边脱去了外套，外套上有一层薄薄的雪："刚才恰好听到你们二人的谈话。你们二人不同品性，修行也有不同的境界。释然走到万里无寸草的地方，还要继续前行，是想要追求更进一步的超脱和空明。而释恩认为每个季节都好，则是实现了超脱和空明。不同的心，会看到事物的不同的层面。我们学习，就是为了有更多层面的眼界，对很多人来说，生活只是凡俗的一个层面，而学习的目的，就是要让我们更深入地探知和看到在生活凡俗层面背后那不可测量的深度。"

师父说话时，释然已经机敏地起来，端端正正地坐在师父面前，夹着核桃，恭敬地请师父吃，师父摆摆手，继续说："虽然往往时间和境遇发生改变，会带给我们不同的感受。但是我们修行，并不是要对抗和抱怨生活，而是要我们能够从更多的层面看清生活。我们不应该因为春的绝美就灿烂欢喜，也不应该因为冬的万物凋敝就黯淡无光。真正的心是不会被外在的境况所转动，就像天上自由的行云不会被高山阻挡，清溪的流水不会被水中的石头所阻挡，行云过后、流水过后，也都了然无痕。"窗外的雪不知不觉中开始大了，天地间都是白暮茫茫。不过听了师父一席话，释然望向窗外，却感觉山川美丽，一切都是极好的存在。

大雪雅事

最伟大的道都是在最平凡里面，并且可遇不可求。要认识生活，要悟道，就需要如实的生活，而不是刻意去寻求虚构的理想的'道'。要体会真正的修行，不是要你们刻意去追求去探索，而是要自然地融入生命的本来面目之中，在轻松、平静、纯朴的凡心中自然就会获得和体悟到。

一切果然如古书所说："大雪，十一月节。大者，盛也。至此而雪盛。"

大雪一过，雪就越来越大，小雪时候是白雪纷纷，现在已经是雪花漫天，铺天盖地而来。

师父看着漫天大雪，很欢喜，特意告诉大家："瑞雪兆丰年，严冬积雪覆盖大地，地面和作物周围的温度就不会因为寒流侵袭降得太低，冬作物就有了很好的越冬环境，积雪融化的时候流入土壤，提高了土壤水分含量，作物在春季生长又有了水分。只有天大寒才会有这样的好雪。"

听到师父连声夸这大雪好时景，释然心中也隐隐有所动。

这一天天还未亮，释然就起床了，穿好衣服，小心地裹好围巾，来到了庭院中，想要从扫雪中有所感悟。

释然拿着扫帚，这才真切体会到冬的滋味，庭院地上凝结了一层薄冰，在月光下闪着晶莹的光。弯月低悬在庭院屋檐一角，庭院里面静极了。稍微一动扫帚，似乎都能听到巨大的响声。

释然走下台阶，踩在薄冰上，发出了嘎吱嘎吱的声音。这才动了几下扫帚，那寒气就一个劲地从裸露的皮肤往身体里面钻，一眨眼间，眼睫毛上都似乎结了冰，有的雪落在没包裹严实的脖子上，那是扎心的寒。

释然的脚已经冷得受不了了，这才扫了几步路，偌大一个庭院像一个大冰盘摆在眼前，吸纳了全部锐利的寒。

释然倒吸一口凉气，心中直怪自己是异想天开。左右看看没见到人影，把扫帚随手扔在阶梯旁边，想要趁没人看见自己的狼狈时赶紧撤退，钻进温暖的被窝里蒙头大睡。

没走两步，就听到了师兄释果的声音："你这才动了两下扫帚，就不能坚持下去了？"释果哆哆嗦嗦出门偶然瞥见释然在庭院打扫，才扫几下就临阵脱逃，免不了要嘲笑他几句。

释然跟着释果进了房间，蜷缩在床上："师兄你别笑，本来师父一直夸大雪好时节，我总想着早点起来亲身去感受下有什么内涵，结果内涵没悟到什么，反倒被冻得快没了人样。"

释果拍了释然脑袋一下："还用自己去悟，你也不看看你旁边睡的是谁，怎么不向我请教？"

释果的大话唬住了释然，便央求他告诉自己。

释果紧紧被子："要说大雪，万物凋敝，可是精气神是处处都有。你看庭院中的几株树早已经掉光了叶子，但是枝丫还是倔强坚强地伸到空中，承受了全部凛冽尖锐的寒气，透露着生命的坚持。李渔说树是'见雨露不喜，睹霜雪不惊'，所以才能'挺然独立'。树可贵就在于被冬风撕碎后，依然坚强地向着凛冽的寒冷舒展出枝干。是因为树的内里的刚，让它们有了一种清高的庄严。"

见释果说得头头是道，释然连连点头。

释果继续发挥："更难能可贵的是，面对严冬和变化，树永是沉默的，不避不躲。这样的品性是何等的高贵啊！"释果重重地感叹。

正在两人交流甚欢的时候，却听到旁边传来笑声。原来两人的谈话惊醒了旁边睡着的大师兄释恩，释恩听了半晌，不由得被两人的童言逗笑了："师父常说该睡觉就要睡觉，该吃饭就要吃饭，现在是该睡觉的时候，你们却不专心睡觉，去想那虚构的理想的道理，还为自己虚构的道理而洋洋得意。有句话叫'但尽凡心，无别胜解'，意思就是最伟大的道都是在最平凡里面，并且可遇不可求。要认识生活，要悟道，就需要如实的生活，而不是刻意去寻求虚构的理想的'道'。要体会真正的修行，不是要你们刻意去追求去探索，而是要自然地融入生命的本来面目之中，在轻松、平静、纯朴的凡心中自然就会获得和体悟到。"

　　大师兄释恩一席话，犹如打铁时候飞起的火星，突然在释然和释果心中灵光一闪，二人似乎都有了感悟，并且这种感觉美妙无比。

踏雪寻香

不管多空茫的荒野，也可有精致的心灵。而一颗精致的心灵，是不畏外在的表现，春季百花盛开也好，冬季百草枯萎也好，都能够散发出别样沁人心脾的美。

释然这几日老是抱怨，大雪天气，到处一片冷寂，没有活泼的生气，没有什么新鲜可玩的。

这一日，大雪午后，师父带释然几人去云水房探访云水禅师。

走过山口，在云水之间，见到一座山房，待推开松木门走进去，山房里面香气缥缈，古琴铮铮，榆木椅上，云水禅师正在和徒弟做隔火熏香的香道，恍然间释然觉得如入了空寂山林。

师父和释然推门进去，也不说话，只是领着释然静静坐在一旁，清冽的空气中萦绕着若有似无的香气，有一种沉穆雍容之美。

待到云水禅师端起茶盏，师父才说："今日的沉香该是今年新鲜的雪水制成，为制这款香，云水禅师一定几日不得休息了。"

虽然睡眠没有得到保障，但是云水禅师看起来依然神采奕奕："据传苏轼为了做一款香，需采取大雪时节梅花上的雪水，为此足足等了八年，爱香痴心昭然可见。我这几晚辛苦也算不得什么。"

"云水禅师为什么不白天制香？"释然好奇，张嘴就问。

师父先回答了释然的话："中国人历来讲究顺其自然，制香也是讲究顺性，也就是要符合大自然的节律变化。制香一般在深夜十一点以后，这是顺应香性。不同的时节气候，相对应就有不同的制香方法，云水禅师这一次用的是沉香，配以当季的雪水，闻来可以安抚人心，心静生智。云水禅师的香让人感觉舒适和心境平和。"师父由衷地赞赏道。

云水禅师凝神静气，取用香品的手势优雅，对释然说："沉香的内在坚实，永远散发着芬芳。苏轼在《沉香山子赋》中就盛赞过沉香。冬季品沉香，可品它的'沉'，在轻盈的雪中品它的沉静内敛。再者冬季品香适合在11至13时，你们今日来得恰到好处，正是寒冬雪后，踏雪寻香。"

看到云水禅师衣着宽松，身心放松，似乎千金也买不到这一刻的平静，释然心生艳羡："云水禅师是不是从制香里有了大收获？"

释然的问题让云水禅师会心一笑："庄子说'天地有大美而不言'，人只需要去感觉事物本身的美即可，要像沉香一样，有一颗沉淀的心，并且永远散发出芬芳，永不散失。人心也该如此，在浮动的大千世界中，要保持内在深沉、不变的芬芳，也就不会在乎想要从任何一件事物中取得收获。当带有目的去和世界相处的时候，人反而更容易随波逐流，无所定止。"

师父取过香炉，缓缓吸气品香："释然，你老是抱怨大雪天气无物可赏，抱怨冬季只有枯燥的白雪茫茫，今日带你见云水禅师，你可见到了，不管多空茫的荒野，也可有精致的心灵。而一颗精致的心灵，是不畏外在的表现，春季百花盛开也好，冬季百草枯萎也好，都能够散发出别样沁人心脾的美。"

听师父这么一说，释然才明白了师父的良苦用心。

师父看释然的表情也大概知道他的心思，继续说："一个人如果有大智慧，就可以在任何地方体会到美好，体会到生活处处透出来的开朗庄严的气概，体会到活泼的生气，体会到大开大合的风格。如若只能在特定的环境和氛围下才能抓住这样的气息，那么其实是离修行的道路越来越远。又或者想要从自然中获取什么，那么就是把自己和自然对立了起来，有了对立就有了执着，有了执着就有了烦恼。"释然小心翼翼地问师父："那么师父，我在大雪时节感觉索然无味，是否是因为我天资愚笨而不能见到季节的内蕴呢？"

师父摇摇头："每个人心中都有一道灵光，也原本就像风云日月一样高明庄严。沉香也好，大雪也好，百花也好，都只是我们的'路标'，就像我们烧水时候的锅，水烧开了，锅也就无用了。最终，我们是要在自然深处让自己完全融入其中，获得真正的清朗和自尊，就如雪后寻香，自在空灵闲适美好。"

顺应自然

人要得到定，有时候并不一定要刻意庄严、追求，而是要有一种和谐、舒坦、平衡。冬至日举行一系列顺应时节、气候的活动，天寒吃饺子、踏雪赏梅，都是因为和环境自然保持了和谐，这种和谐扩展为人内在的'定'，让人能有平和安详的状态。

明日就是冬至，戒严师叔叮嘱大家早早休息，明日要早起祭祀，中午要包饺子，晚上赏梅。

"明天安排可真紧张。"释然做完晚课，伸一个懒腰，在温暖的被窝里很快就进入了梦乡。

早早地，释然就被晨钟的声音惊醒，待出了房间，看到师兄们三三两两都在庭院里。

师父正在对大家说："四季更迭，寒冬已至。自今日起，白昼一天比一天长，古人认为这代表下一个循环开始，是大吉之日。今日带大家祭祀，其实是一份感恩。"

师父说完，就带着大家行顶礼。

当接触大地的时候，释然心里有一种奇妙的感觉，突然意识到脚下的大地从未离开过自己。卧在大地上呼吸的时候，感受到大地的力量与安稳，似乎自己变得无比渺小，无比纯真、快乐。又似乎自己变得无比壮大，如一株树一样，从大地吸收源源不断的养分。

当顶礼完毕，释然看到师兄们也都神情庄严。

师父对大家说："冬至是一个大节，这项修习帮助我们思考自然，回归大地和我们的根源。我们行顶礼接触大地，也是在提醒我们是地球生命的一部分，提醒我们，不论时节如何变迁，大地自然从远古开始就养育、滋润着万物，生养着所有的山河、森林、动物、植物与矿物，并且在未来还将继续给众生以安全、喜悦和祥和。"

大家都为这庄严的氛围所动容，一时间，雪花簌簌落下，天地间都充盈着寂静庄严和生机。

那边，戒严师叔敲响了钟，是在提醒大家一起去吃饺子。

走进斋房，却是和外面完全不同的景象，斋房里面热气腾腾，比人高的蒸笼上蒸了一屉屉的饺子。

戒严师叔招呼大家帮忙抬下蒸笼，一边热闹地说："冬至是数九的第一天，也是一年里面白天时间最短的一天，气始于'冬至'，从冬季开始，生命活动开始由衰转盛，由静转动，这一天吃饺子，一来驱除寒冷，二来改善生活。"

戒严师叔包的饺子可是天下最好吃的，释然吃在嘴里，心里有满满的满足，戒严师叔过来："看你们吃得这么热闹，我就高兴。可惜你释恩师兄在外地，无法吃这盘热腾腾的饺子，你多吃点，就算代你师兄吃了。"

释然正在狼吞虎咽，也顾不得和戒严师叔搭话，忙不迭地点点头。戒严师叔继续说："到了晚上，还要吃冬至面，古话说得好，'吃了冬至面，一天长一线'，就要看着你们长大了。"

一眨眼就到了晚上，师父还安排大家一起去月下赏梅。戒严师叔早早带领大家搭好帐篷，帐篷里面备有炉炭，还有少许茶。大家分别入了帐篷，一阵风来，梅花簌簌下落，风送梅香，香随寒至，往远处看去，梅花一片团团密密、重重叠叠，戒严师叔由衷地说："难怪古人形容为'香雪海'，极美！"

师父品一口茶，点头同意："苏东坡有盛赞梅花的诗'玉雪为骨冰为魂，纷纷初凝月挂树'，李渔有'雪花如玉重云障，一丝春向寒中酿'，确实雪意梅情最有诗意。"此刻帐篷外风吹花落，细碎的雪花散漫交错，清亮的夜色中一如满天飘飞着精魂。

坐在雪梅飘香中，这个冬至，释然有了全新的感受，似乎这落雪大地清透静谧，自己最后被天地包容，和天地融为一体。

等到月上正中，大家稍有倦意，也该回去休息。和师父走在回去的路上，释然告诉师父："在冬至日的一系列活动中，我似乎感受到一种'定'，仿佛自己和四周环境极为和谐。"

释然说的话也正是大家的感受。师父点点头，轻轻告诉释然：

"人要得到定，有时候并不一定要刻意庄严、追求，而是要有一种和谐、舒坦、平衡。冬至日举行一系列顺应时节、气候的活动，天寒吃饺子、踏雪赏梅，都是因为和环境自然保持了和谐，这种和谐扩展为人内在的'定'，让人能有平和安详的状态。"

大家都为师父的话所沉醉，眼看师父将到方丈室，大家也都有点遗憾，希望师父继续告知大家更多。师父停下脚步，看着自己的爱徒们："我们要知道自己内在的本质，要顺应自然去开发自己的内在，就是开发自我生命的深层，进而，我们能够和生命、宇宙有更美好密切的结合，心性自在美好，我们的生命也就能散发出光芒和单纯美妙。"

雪不知何时停了，释然嗅到阵阵若有似无的梅香，抬头，月亮在云层间游走，让释然感觉自己像一只鸟，在这个冬至看到了更自由的空间，看到了平衡与和谐。

冬至如风自由

　　我们可以说惊蛰最美，立春也最美，冬至同样最美。可以说心情似春意，也似秋露，还似冬雪。人总是会被世俗所困，在生活里有所执着，执着到区分季节、区分你我。修行，最终目的就是要让生命无限自由，这样就没有执着的地方，可以在惊蛰时分由衷赞叹，也可以在冬至随纷飞白雪欢喜。

　　冬至天寒，最近也没什么活动，傍晚释然正无聊间被戒严师叔叫去帮忙。

　　戒严师叔端了一盆麻糍，示意释然携上他准备好的清茶，跟他一起去外面草亭。

　　到了草亭，师父已烧了一盆火炭，候在那里。

　　戒严师叔将清茶倒上，顷刻就有幽幽宜人的茶香飘散出来。戒严师叔躺在草亭的垫子上，师父取出早已准备好的针具，给戒严师叔针灸通穴。

师父一边通穴一边说："冬至正是阴阳二气自然转化时候，这时针灸正是激发身体阳气上升的最佳时间。"

戒严师叔双眼微闭："果然感觉很舒服。"

少顷，戒严师叔起身，又倒了一杯茶，草亭外雪花散漫交错。师父看着雪景许久，才说："往昔为了顺应阳气萌动时候的天时地利，冬至往往要关闭城门、关闭市场停息。冬至夜是一年中最安静的长夜，想到泉下水流已经开始暗暗流动，这冬至真是美好，正如寒山的诗歌说'无物堪比伦，教我如何说'。"说到这里，师父又转头对戒严师叔说，"也只有如寒山这样清澈的悟道和动人的文思，才能写出这么清静自然的诗歌。"

戒严师叔点点头："寒山与拾得相交数年，拾得的诗中真味也和寒山相仿，有时节自然的本质，高明庄严。"

释然一听就不明白了："师父，惊蛰、春分等时节，你也说是至为美好，现在冬至也至为美好，那不矛盾？"

师父一听哈哈大笑："释然，你流于表面了。"

师父拿起一个麻糍，对释然说："不需要肤浅地一定要对季节进行排比，区分谁好谁更好，然后单单记得某一个时节的美好，而忽略'此刻、当下'的美。"

戒严师叔从携带的包裹中拿出几双鞋，递给师父，再分给释然，叮嘱释然回去带给师弟："冬至时候送你们几双鞋，一来是严冬保暖，二来是'举足轻重'，希望你们日后都站得稳，行得顺，顶天立地行走天地间。"

戒严师叔一边收拾包裹，一边对释然说，"我们对季节的感知，不是即刻风流，而是每个当下心与自然的相互映照，时刻保持自由高洁明净的心灵世界，将自己投入到每一个节气、每一天，这样，就是冬至时节的茫茫天地也有自由自在。人也才能超然于物外，不为俗事困顿。就如雪后露出大地，也如月华照彻天空。"

师父接过戒严师叔的话："我们可以说惊蛰最美，立春也最美，冬至同样最美。可以说心情似春意，也似秋露，还似冬雪。也许看起来是言词不一，但是又有何干？人总是会被世俗所困，在生活里有所执着，执着到区分季节、区分你我。而修行，最终目的就是要让生命无限自由，这样，就没有执着的地方，可以在惊蛰时分由衷赞叹，也可以在冬至随纷飞白雪欢喜。要知道，欢喜不在惊蛰或是春分，也不在冬至，而是在心，在不可执着之处。"

释然摩挲着戒严师叔送的鞋，感到心里阵阵温暖，这温暖似乎不仅是火炉发出的，更有戒严师叔送的鞋，还有师父的话，他似乎明白了芬芳繁盛的春天其实和气氛萧萧的冬天无异，内里都有无限的意涵。

戒严师叔开始收拾东西，三人要准备回去，师父摸摸释然的头："唯有抛开世俗的枷锁，人才能行到世俗不到之处，像风一样自由。"

小寒的腊八粥

修行就像熬粥，煎熬滚煮，都需要心思。文火还是疾火，都要恰到好处。提前准备的那些上好原材料，就是你们的日积月累，在时间的流淌中心平气和地逐渐累积，才能熬出独到的心境，就像这碗粥，带给人一份独特的享受。

这几日雨雪夹杂，滴水成冰。师父说是小寒快到了，还告诉大家，小寒一到，标志着一年中最寒冷的日子到来了。

寺院前后很快就被冰封万里，成为一个冰雕玉琢的世界。

平日释然要跟着大家读书，还要做好田间的防冻、防湿工作，力争来年的好收成。等到空闲时候，大家又有了新的玩法，堆雪人、打雪仗，一场雪仗打下来，全身舒畅，酣畅淋漓。

时间就这样一寸一寸前进，让人毫无察觉。一晃就到了小寒前两天。

这一日早早地，师兄就带着释然几人到街市上去。街市上有人在卖生菜、兰芽、胡桃等，还有人在写春联，卖剪纸，好看的东西怎么也看不够。

释然跟着师兄沿街讨要果子杂料等物，回去做腊八粥。

到了小寒这一日，正是十二月初八，正是腊八节。很早，戒严师叔就带着大家把头几天大家从四面八方募化来的米麦豆谷等杂粮和枣儿栗子等干果淘洗干净，再将黑豆、红豆、莲子用水浸泡，给板栗剥壳去皮，再准备好红枣、桂圆。先将豆子、莲子下锅熬制，接着放入糯米、板栗等物，最后才放入小米、大枣、冰糖。接下来，戒严师叔亲自守在锅边，不停搅拌。

释然先是在厨房兴致勃勃地帮忙，但是看到戒严师叔那么一丝不苟，心里觉得未免太小题大做：就是一锅粥而已，如此费神费时，实在是不划算。他便找了个借口，跑出去看香客。

看了会儿香客，再到厨房，看到戒严师叔守着的锅中，红色、白色、黑色、黄色，各自在锅中翻滚。问戒严师叔还有多久才能喝上香喷喷的粥，师叔说还早呢。释然心中失望，又不敢表露，再没有借口出去淘气，只得守在旁边添柴加火。

释然无聊，一个劲向灶底加柴，火很快就旺起来。可戒严师叔偏偏示意减小火候："小笨蛋，要文火慢炖的才好。"

释然不以为然："火候大一点，早一点好，我肚子可都饿了。"

释然师叔说："你懂什么？粥就需要小火慢慢熬制，让里面的各物逐渐熬融，融合在一起。熬粥也需要时间和耐心的，可别小看做饭，有没有用心，别人可是能吃出来的。"

听师叔这么说，释然瘪了瘪嘴："我肚子都咕咕叫了。"

戒严师叔到底最疼释然，塞了一个鸡蛋给释然："小寒来了，最是寒冷，万物敛藏，顺应自然收藏之势，来吃一个鸡蛋益气养血。"

虽然觉得释然师叔说得过玄，释然还是减小了火候。嘴里吃着戒严师叔给的鸡蛋，释然很快就闻到锅中传来一阵阵淡淡的五谷香气，这香气暖暖的，在这寒冬时节一直暖到人的心里去。

等到每人面前都有了一碗清淡的腊八粥时候，已经又过了半个时辰。

今天寺院里面非常热闹，释行坐在释然的旁边，三下五除二就把一碗粥喝得精光，还嚷着要喝第二碗。释然面前的粥发出淳朴的清香，勾起了他的食欲，等到喝一口进去，粥从嘴到胃发出暖意，好像把人的五脏六腑都抚慰平了。释然心想："戒严师叔的厨艺果然是寺中最棒，没有之一。"

而旁边师父的整个注意力则好像都落在了他面前的粥里，师父慢慢地舀一勺，吃进嘴后细细品味，露出了满意的笑容。师父笑着对旁边的戒严师叔说："一碗粥看似简单，但是要熬出这样一锅好粥，并非易事，可辛苦你了。"

听到这里，释然就觉得不解，一碗粥而已，戒严师叔小题大做，师父也这么认真？

兴许是听到了释然的心声，或者正好借机与释然他们分享，师父对大家说："修行就像熬粥，煎熬滚煮，都需要心思。文火还是疾火，都要恰到好处。提前准备的那些上好原材料，就是你们的日积月累，在时间的流淌中心平气和地逐渐累积，才能熬出独到的心境，就像这碗粥，带给人一份独特的享受。"

师父说着，又喝了一口粥，"熬粥要把握得当，喝粥也要有一颗郑重的心，去掉浮躁，才能够品出这粥中不一样的境况和悠然。"

听到师父这么说，方才狼吞虎咽的释行这下又嚷着要了一碗，慢慢地在嘴里咀嚼，还一边嚷嚷着："我觉得不管慢慢喝，还是快快喝，都一样的好喝。"

释行一席话说得大家哈哈大笑。看着大家的笑容，虽然是小寒酷冷，但是每个人的笑意都似乎暖平了释然的心思。

冬天的心情

　　某种层次上，小寒像极了我们的心，在寒冷寂静沉默中，也怀有春的期盼和心情。我们在冬天一起谈论道理，说出心中的期盼和梦想，虽然寒冷难挨，但是我们总能有小小的乐趣。这是因为，人就像小寒，哪怕是在极度的寒冷挫折中，但灵魂深处仍然在出发，渴望获得真理。

　　天气越来越冷了。没事时，释然就喜欢蜷缩在床上，就这么暖和地躺着，比什么都强。

　　这天释然又在床上偷懒，忽然门被推开，一股冷风灌进来，紧接着就响起了戒严师叔洪钟一样的声音："快过年了，最近香客越来越多，你还不快快去帮忙？"

　　释然不敢造次，一翻身就爬起来，随师叔往大堂方向走去。

走出去一看，茫茫的白雪像巨大轻柔的羊毛毯子，覆盖住了庭院、山川。平日喧闹活泼的溪流，现在也恬静地歇息了。"这天真冷，前无古人后无来者！"释然心想。

等到了大堂，释然嗅到了一股奇异的香："哇，师叔，今天燃的什么香，会有这么奇异舒畅的味道？"

这边释恩师兄正在打扫卫生，转过头来接住释然的话："这是师叔特意燃的怀爱香，由种中草药材合成的。"

释然贪婪地嗅着，这香果然平厚喜人，香之美妙非语言可以描述，但是仍然有点不以为意："师叔今天怎么舍得用这么好的东西？"

"这你就不懂了！"戒严师叔过来，"香乃纯阳之气，小寒是一年气温最低的节气，这个时候燃香可以在有形无形之间提升纯阳之气。"

戒严师叔说得头头是道，可是释然却打起了哈欠，一边手捂着嘴，一边要出门："师叔这里貌似也没有事了，我还是回房躺……还是回房看书学习精进。"释然说完想赶忙溜走。

戒严师叔当然知道释然心中的小算盘，还未等释然跨出门，就叫住了他："释然，等着！"

释然一下就像霜打的茄子——焉了。

"你随我到外面走走。"戒严师叔拍了释然脑袋一下。

话说间，两人已出了庭院，到了山坡。戒严师叔指着前方："释然，你看到了什么？"

前方万物枯竭，没有一点生机，释然摇摇头："师叔，这能看到什么？一片白茫茫，什么都没有，又冷又无聊。"

"那什么时候不无聊？"师叔问释然。

"当然是春天啊，春天可有很多好玩的东西。夏天也不错，可以下河游泳。秋天有很多好吃的。只是这冬天，就只想回屋里抱着火炉睡大觉，索然无味！"最后一句，释然特意加重了语气。

戒严师叔笑一笑："你说到春天好，可是要知道春的好，就必须经过冬，只有经过了冬的寒冷纯净，才能更透彻地感悟到春的美好清明。要是冬天只知抱着暖炉，真是可悲，永远不会明白冬天的心情。"

"冬天有什么心情？"戒严师叔蹲下身，用手扒开了雪面，露出了下面褐色的土壤："冬天的心情，就是春的心思。现在是一年中最寒冷的日子，但是我们知道，小寒之后，春天也就不远了。小寒虽冷，但是今年寒透，来年才好过。就像冬天果树的叶子要落尽，来年才能长出新叶，才能长出果子。这冷是一种割舍，全是为来年的春天做准备，要知道，就是在冬天极冻的土地下面，种子都静静躺着，顽强地要在即将到来的春天冒出来。这就是冬暗藏的春的心思。"

"哇，戒严师叔今天说话就像师父一样。"释然心中暗暗惊叹。

师叔继续告诉释然："某种层次上，小寒像极了我们的心，在寒冷寂静沉默中，也怀有春的期盼和心情。我们在冬天一起谈论道理，说出心中的期盼和梦想，虽然寒冷难挨，但是我们总能有小小的乐趣。这是因为，人就像小寒，哪怕是在极度的寒冷挫折中，但灵魂深处仍然在出发，渴望获得真理。"

　　听到师叔这么说，释然觉得这冷寂小寒也有了变化，有了生命的热力。知道了冬天的心情，似乎冬天也没有了寒意，反而有一种新绿轻松的意蕴晕染开来。

　　"我看你也冻坏了。"戒严师叔递给释然一个鸡蛋，"要知道，季节也好，世间万物也好，原本没有好坏，差别只是心情！"

大寒磨躁气

　　静胜躁，寒胜热。古人早就说过，"清静为天下正"，大寒应该端坐。大寒把冬的秉性发挥到了极致，让万物瑟缩，但是冷到再无低处，唯止步尔，也就让人信任了，信任便是最踏实的开始。有句话叫"小寒过，大寒磨"，"磨"无疑是一个极具耐力的字，逐渐磨去娇气、躁气，磨出气定神闲，再在清净中静待新的一年，无疑就是为一年最好的注释。

　　日暮时分，牵起了缕缕炊烟。和释行他们在湖面溜冰疯玩的释然知道，该回去了。

　　刚走近自己的房间，推开门，就闻到一股隽永清香的香味。原来窗台上多了一盆水仙，在寒冬展翠吐芳。释然眼前一亮，跑过去看，一碟清水、几粒卵石，就让房间多了祥瑞温馨的味道。

　　等到欣喜地跑出去，发现释恩师兄抱着一大箱子水仙，师父亲自将水仙放在每一个房间。不等释然发问，师父就率先告诉释然："水仙是'岁朝清供'的年花，给你们放在房间里，可以让空气变得清新，另外我还制了水仙茶，你们随我去取一点。"

到了师父的禅房，师父为每人端出水仙茶，释然端起茶盏喝入口中，水仙入茶而不失其味道，仍有清香的味道。

一盏喝完，师父也不言语，只是静静品茶。在烟雾氤氲中，一壶水仙一炉香，此刻窗外大雪自顾飘飞，遥遥能够看到寺院山壁上的巨大石刻，有凌空的自在与洒脱。很快夜色开始迷离，寒江边上，月亮初出，却滑落在冰湖，冰壁辉映。远远钟楼传来渺渺钟声，若有渐无，果然没有一个季节像大寒一样，让冰月相约，冷澈清醒。

就这样清静地坐着，自有一种静肃之美。

坐了半晌，师父才说话："静胜躁，寒胜热。古人早就说过，'清静为天下正'，大寒应该端坐。大寒把冬的秉性发挥到了极致，让万物瑟缩，但是冷到再无低处，唯止步尔，也就让人信任了，信任便是最踏实的开始。有句话叫'小寒过，大寒磨'，'磨'无疑是一个极具耐力的字，逐渐磨去娇气、躁气，磨出气定神闲，再在清净中静待新的一年，无疑就是为一年最好的注释。"

听到师父的话，释然一想，果然一年就这样要结束了，想到种子都在冰层下，安静地等待，等待春暖花开、破土而出，心中就生出一种美好，让人感觉格外笃定实在。

师父看向窗外，用手遥遥一指："你看那枝头似要出来的新芽。"顺着师父手指的方向，外面的树在寒冷中似乎也有萌动的生机。

师父若有所思："草木之心悉数隐忍待发，想来，从立春到雨水、惊蛰、春分、清明、谷雨，一直到小雪、大雪、冬至、小寒、大寒，一年过来，有雨有露，有霜有雪，有暖有凉，有热有寒，一切都要消融。又快走到立春，又是一个圆满。无数个圆满牵出绵长遥遥不可望尽的悠悠岁月，形成了一个极大的循环。"说到这里，师父想到什么，露出由衷的笑意："我们的古人日出而作、日落而息，逐渐养成一种天然的乐观和豁达，这种顺应天时自然，就像是我们夜读陶渊明和王维，短短几笔，淡淡着墨，自有一种清澈，洗涤人心，让心化为虚谷。而大寒，则最有这样虚怀若谷的境界。"

师父的语气格外淡泊明静，释然听得入迷，也就不搭话，等师父继续说下去。师父又喝一口茶，微闭双眼，"一个循环看似简单，里面也有无数静心的等候，有很多极致的耐心，人只有无条件地配合年轮的滚动，朝朝夕夕，才能走到今日一般的美好。"

炉里的香不知不觉就燃到最后，水仙茶的隽永似乎熨帖了全身每一个细胞。在这方寸斗室中，背对大寒，春在前面。听了师父一席话，好像走过了一片清净虚谷，释然感觉心也像是大寒，凭空生出了一种幽然，闻出了一点梅香，疏疏淡淡的情愫不断弥散开来。

结束亦是开始

　　一年是终了，但并不是结束。如果我们明了季节、生命的本质，就知道生死并非终止那一刻才存在的。大寒作为一年最后一个节气，是可以帮助人观照人生的。

　　日子滚着日子，眨眼就到了一年的终点。俗语说"小寒大寒，冷成冰团"，经过大范围的降雪，到处都是冰天雪地、天寒地冻。湖面的冰结得极厚，释然他们尽情地在河上溜冰，玩得不亦乐乎。

　　等到尽兴而归，已是傍晚。回到院中，师叔们也忙得不亦乐乎，在除旧饰新，过几天就是春节了。

　　见是释然带着释行野够了回来，释恩师兄瞪了他们一眼，低声责怪他们不懂事。快到新年了，是寺院最忙的时候，要准备接待大量的香客。

释然仔细一看，五观堂中原来的条桌已经换成了大圆桌，戒严师叔安排释恩师兄去准备了各式的鲜花，自己则准备了很多食物，张罗着大家一起做了春卷、萝卜糕等，说是送给附近的邻居。

转眼就是除夕。等到早课、早斋之后，小沙弥们一波波去给师父磕头拜年，好不热闹。

拜年过后，大家在师父的带领下到大雄宝殿撞钟祈福。

等到撞钟祈福后，回到五观堂里，堂里放着清净心灵的佛乐，让人由衷欢喜、赞叹。见大家回来了，戒严师叔端出了热气腾腾的饺子，还有各色丰富的小炒，一上桌很快就被大家抢个精光。

吃过饭，大家一起候守着新年的到来。但是释然却有一种无缘由的悲凉之感。轰轰烈烈的一年，兴许也是平淡的一年就这样流走了，像白云无痕。想到这一层，在人声热闹中，释然也有了一丝惆怅。

正在惆怅间，师父的声音在耳畔响起："就像一年过去一样，万物都在更迭，也像在无边无际的长河中浮沉，我们有一天也会如此无可奈何地离开世界，谁也不能逃离这个规律。"

释然抬头，师父正慈爱地看着自己。

师父在释然旁边坐下："我们学习进修的一切，其实就是在教化我们认识生死。"师父听了一下周围传来的热闹的声浪，"大寒是一年的最后一个节气，看似一年的最末，充满无可奈何，但这个节气更多是截然面对生死的坦然。一年终了，但来年依然可以以新的一年开始。"

释然低声喃喃："一年就这样结束了，再也没有了这一年，像是沉入了无尽的时间的大海，谁也不能将其打捞起来。"外面传来了一阵喧哗，戒严师叔给大家表演了一个节目，引得大家哈哈大笑。释然向外看了一眼，又若有所思地坐着。

"要知道，一年是终了，但并不是死。如果我们明了季节、生命的本质，就知道生死并非终止那一刻才存在的。大寒看起来寒到极致，就像到了死亡边缘，但也是以前和以后的连接，有了这个连接，新的一年才能来到。"师父看向外面热闹的人群，脸上有了由衷的笑意，"大寒作为一年最后一个节气，是可以帮助人观照人生的。"

不知觉间，释恩师兄带着几个师弟也坐在了旁边，听师父说道。释恩师兄接过师父的话，对小师弟们说："师父经常说活在当下，也就是说，大寒看似一年死去了，不复再有，但是当我们换个角度看，把这一刻当作生死的截断，当下，我们就获得了新的生机。"

师父点点头，很赞同释恩的话："所以在大寒的冷冰中，我们依然可以烧得暖融融的。走，我们出去看看，很快山下就会放烟花了。"

大家随着师父走到外面。很快，山下放出了烟火，烟火在空中明灭，仿若天空挂了一个个鲜亮的柿子，结着密实的果子，又在空中消失无踪。又仿佛看到山下，人、车、光、影，密密匝匝地闪烁，似有喷薄欲出的喜气。师父双手合十，默默念了句"阿弥陀佛"，释然站在师父旁边，看到师父的身影温暖而笃定，回头看到寺院里面，灯火发出暖熙的光，想起很多日子的暖和情意都融化在那里面。

旧的一年结束了，新的一年就这么开始了……

后 记

当全书接近尾声，一如一段旅程即将完结，但是同时也抵达了记忆的深处。

此刻南方的空气中已经凉意弥漫，万物依然兴盛寡言。而窗外，正排山倒海下着一场暴雨，天地混沌，自有一种超脱现实的存在。案头的初稿，寂静端庄，静待风雨停歇。在寂静中，天地的喧嚣逐渐隐退，夜色清明。

这样的时刻，让人珍惜，因为它们将不复再来。

记得在无数个日子，趴在案头，窗外庭院在不同季节会飘来不同的芬芳。在春季会听到木棉种子落地的声音，笃定厚实；夏季有开得惊艳而不自知的栀子，有时会传来孩子清朗的笑声……所有本真的存在，都让人内心震颤，这样的美与庄重，更让人感受到生存的谦卑和尊严。而手上持续的工作，则传递给人一种静默的坚韧，提醒人应该保持专注和敬畏，才能在时间中淬炼出精纯，与之共存。同时这样的工作，也成为生命的一部分，血肉相连。

梳理二十四节气的寓意，似乎梳理的不是一个年轮的循环，而是一种生命的循环。但是在一轮生命循环之外，还有什么？还有当人活在当下的时候，就是要珍惜当下，坦然接受一切，并继续学习修行，以期获得人生的真理。写这本书正是这样一个过程。

时间有限，万物还有待观照，水仙已经凌波，一年确实就这么过去了。这段旅程，到此结束。